U0306344

西番莲品种特异性、一致性和稳定性测试操作手册与拍摄技术规程

● 高玲 徐丽 邓超 主编

中国农业科学技术出版社

图书在版编目（CIP）数据

西番莲品种特异性、一致性和稳定性测试操作手册与拍摄技术规程 /
高玲，徐丽，邓超主编 .—北京：中国农业科学技术出版社，2021.1

ISBN 978-7-5116-5158-7

Ⅰ. ①西… Ⅱ. ①高… ②徐… ③邓… Ⅲ. ①鸡蛋果—种质资源
Ⅳ. ① S682.202.4

中国版本图书馆 CIP 数据核字（2021）第 019138 号

责任编辑　徐定娜
责任校对　贾海霞

出　版　者　中国农业科学技术出版社
　　　　　　北京市中关村南大街 12 号　邮编：100081
电　　　话　（010）82105169（编辑室）　（010）82109702（发行部）
　　　　　　（010）82109709（读者服务部）
传　　　真　（010）82109707
网　　　址　http://www.castp.cn
发　　　行　各地新华书店
印　刷　者　北京建宏印刷有限公司
开　　　本　787 mm×1 092 mm　1 /16
印　　　张　7.75
字　　　数　170 千字
版　　　次　2021 年 1 月第 1 版　2021 年 1 月第 1 次印刷
定　　　价　68.00 元

编写人员

主　　编：高　玲　　徐　丽　　邓　超

副 主 编：刘迪发　　陈　媚　　应东山

编写人员：高　玲　　徐　丽　　邓　超　　刘迪发　　张如莲

　　　　　陈　媚　　应东山　　李祥恩　　姚碧娇　　符小琴

　　　　　李莉萍　　赵家桔　　高锦合　　陈旖旎　　刘少姗

摄　　影：徐　丽　　高　玲　　符小琴

关于本规程的说明

本规程是《植物新品种特异性、一致性和稳定性测试指南　西番莲》（NY/T 2517—2013）的补充说明，适用于我国西番莲品种的 DUS 测试。

本规程参考以下文件制定：

1.《植物新品种特异性、一致性和稳定性审查及性状统一描述　总则》TG/1/3

2. GUIDELINES FOR THE CONDUCT OF TESTS FOR DISTINCTNESS, UNIFORMITY AND STABILITY OKRA TG/167/3

3.《植物新品种特异性、一致性和稳定性测试　总则》GB 19557—1

4.《植物品种特异性、一致性和稳定性测试指南　西番莲》

5.《植物新品种 DUS 测试数据处理方法》

6.《DUS 测试中统计学方法的应用》TGP/8

本规程主要起草单位：中国热带农业科学院热带作物品种资源研究所 / 农业农村部植物新品种测试（儋州）分中心、农业农村部科技发展中心 / 农业农村部植物新品种测试中心。

本规程由国家物种品种资源保护项目"植物新品种 DUS 测试和标准品种繁殖"、农业资源保护修复与利用项目"特色热带作物种质资源精准评价与新品种培育"和中国热带农业科学院热带作物品种资源研究所基本科研业务费"植物品种测试技术研究"资助完成。

本规程由西番莲品种 DUS 测试操作程序、西番莲品种 DUS 测试、西番莲品种 DUS 测试性状拍摄规范、西番莲品种 DUS 测试中附加性状的选择与应用四部分内容组成。因编写水平有限，不足之处肯请指正！

目　录

第一部分　西番莲品种 DUS 测试操作程序

根据《国际植物新品种保护联盟（UPOV）公约》（1991 年文本）第 1 条第 6 款：品种是已知最低一级的植物分类单位内的单一植物类群，该植物类群能够通过由某一特定基因型或基因型组合决定的性状表达进行定义；能够通过至少一个上述性状的表达，与任何其他植物类群相区别；具备繁殖后整体特征特性保持不变的特点。《中华人民共和国种子法》中明确规定：品种是指经过人工选育或者发现并经过改良，形态特征和生物学特性一致，遗传性状相对稳定的植物群体；特异性是指一个植物品种有一个以上性状明显区别于已知品种；一致性是指一个植物品种的特性除可预期的自然变异外，群体内个体间相关的特征或者特性保持一致；稳定性是指一个植物品种经过反复繁殖后或者在特定繁殖周期结束时，其主要性状保持不变。足见，特异性（也称可区别性，Distinctness）、一致性（Uniformity）和稳定性（Stability）（简称 DUS）是品种的基本属性。

植物品种特异性、一致性和稳定性测试（简称 DUS 测试，见图 1-1）是指依据相应植物种属的测试技术标准，通过田间种植试验或室内分析对待测品种的特异性、一致性和稳定性进行评价的过程。DUS 测试可以确定某一植物类群是不是一个品种，并对其进行性状描述。因此，植物品种 DUS 测试是品种性状描述和定义的基本方法。同时，DUS 测

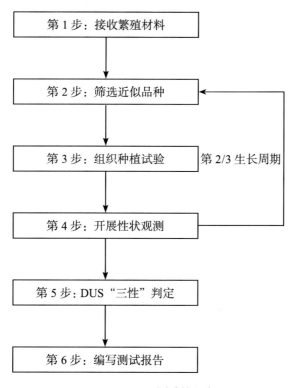

图 1-1　DUS 测试的程序

试是一门综合性很强的应用技术，它涉及植物育种学、植物栽培学、植物学、植物分类学、遗传学、植物病理学、植物生理学、分子生物学、生物化学、农业气象学、农业昆虫学、生物统计与实验设计、生物技术等多个学科的知识与方法。作为国际公认的植物品种测试技术体系，植物品种 DUS 测试具有理论严谨、技术科学、结论可靠等多方面的优点。

DUS 测试既是品种管理的基础、品种鉴定的重要手段、品种维权执法的技术保障，又为品种选育提供了规范性指导。随着西番莲产业的日益发展，西番莲新品种选育工作日益活跃，其品种测试操作规范的需求提上日程。西番莲品种 DUS 测试指南对其测试指标与判定标准给予了总体指导，但具体操作细节有待补充。因此，本部分内容主要针对西番莲品种 DUS 测试 6 大程序涉及的 20 余项操作细节进行全面的介绍，更好地指导与规范专业测试的实际工作，同时为育种家更全面评价选育材料提供参考。

一、测试样品

1. 样品的来源

测试样品的来源主要分为以下三类。

第一类：农业农村部植物新品种保护办公室委托下达的植物新品种保护的 DUS 测试样品。

第二类：种业管理部门委托的 DUS 测试样品。

第三类：其他单位或个人委托的 DUS 测试样品。

2. 样品的类型

根据西番莲测试中样品的不同用途，将测试样品分为以下类型。

待测样品（testing sample）：即用于申请保护 / 登记 / 认定的品种的样品，由委托方提供。

近似样品（similar sample）：指相关特征或者特性与待测品种最为相似的品种的样品，可是委托方提供的样品，也可是测试机构根据测试的实际需求筛选的样品。

对照样品（compare sample）：用于评估待测样品某一个或某几个特征特性的参考样品。

测试指南中的标准样品（example sample）：主要用于矫正误差辅助判断测试结果。

已知品种（varieties of common knowledge）：是指现有的公知公用的品种，包括：繁殖或收获材料已经商业化的品种；已经公布了详细描述的品种；正在申请 PVP 保护、官方登记注册的品种，如果获得授权或列入官方登记，则从申请之日起，该品种视为已知品种；栽植于对公众开放的植物园（圃）中的品种。且已知品种不受国界或地理边界的限制，在任何国家或地理区域的一个品种只要满足公知性的条件，都属于公知品种。

3. 样品的数量和质量

样品数量：以西番莲种苗（图 1-2）形式提供，不少于 15 株。

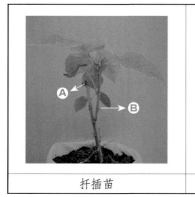  

| 扦插苗 | 实生苗 | 嫁接苗 |

图 1-2　西番莲种苗样品的形式

注：A- 扦插枝条上端剪切口；B- 扦插后抽生的新枝；C- 嫁接口。

样品质量：种苗应生长健壮，无病虫侵害；其质量应符合以下要求（表 1-1）。

表 1-1　样品质量要求

扦插苗	实生苗	嫁接苗
半木质化，新枝老熟，苗高 20 ～ 30 cm	茎粗（离土面 10 cm 处）≥ 0.3 cm，苗高 20 ～ 30 cm	接穗抽生 15 ～ 30 cm，中部茎粗 ≥ 0.5 cm

4. 样品的接收

（1）农业农村部植物新品种保护办公室下达的 DUS 测试任务

对于农业农村部植物新品种保护办公室下达的植物新品种保护品种的 DUS 测试任务和鉴定任务，由农业农村部植物新品种测试中心（简称测试中心）在每年年初规定的时间内通过植物新品种保护办公系统将任务内容分配至测试机构（农业农村部植物新品种测试分中心）的任务列表，并将测试样品繁材接收通知单（附件例 1）寄送给测试分中心。

分中心负责人根据办公系统中的任务与测试样品繁材接收通知单安排业务室人员及时确认任务并做好相关准备工作。业务室负责及时沟通繁材的寄送情况和样品签收，第一时间对测试材料进行检查和核对，检查内容包括材料是否完整无破损、材料袋上的品种编号（名称）是否与下达的测试品种任务相符、材料数量和质量是否满足测试需要、有无缺少或多出的材料等，现场核对人员至少为 2 人。若出现问题，应尽快与繁材寄送单位和测试中心相关审查员联系沟通，确定解决方案。若无问题，样品签收人员在繁材接收清单（附件例 2）上签名，交给测试室主任确认签字后将清单寄回测试处，并留备份归入分中心相应的档案。

（2）种业管理部门或其他单位和个人委托的 DUS 测试任务

根据协议，种苗样品可采取面送或邮寄（图 1-3）的方式提交，由业务室专人负责样品的接收，仔细核查样品包装、数量、名称等基本信息是否与协议（附件例 3）、样品委托单（附件例 4）一致。若无疑议，仔细填写样品接收登记单，表头为"XXX 分中心 XX 年度 XX（作物）DUS测试样品接收登记表"，表格内容包括序号、待测品种名称、近似品种名称、品种类型、测试周期、材料数量、材料来源等（附件例 5）。如果不一致，将当面或电话进行沟通处理，并填写处理意见。不符合样品将按照样品委托单中选择的处理方式（销毁或寄回）或处理意见进行处理，并记录处理结果。业务室人员在规定时限内将繁材接收通知单反馈给委托方（附件例 6）。

图 1-3　邮寄样品的包装

注：包装箱为加厚型纸箱，两侧各留 2～3 个透气孔，且须带杯或采用袋装保护好根部土壤。

5. 样品的流转

（1）农业农村部植物新品种保护办公室下达的 DUS 测试任务和鉴定任务

测试室主任确认签字后，业务室将样品交给测试室，测试室专人负责测试样品领取，并填写测试样品流转单（附件例 7）。布置完种植试验后，填写测试样品试验栏后将样品流转记录表交回业务室。若有剩余样品，须在样品流转记录表中注明剩余量和在无性繁殖品种圃中的种植位置交回业务室。

（2）种业管理部门或其他单位和个人委托的 DUS 测试任务

测试室主任确认签字后，业务室予以及时登记，并将核实后的样品交给测试室，测试室专人负责测试样品领取，并填写测试样品流转单。测试室及时进行种植，必要时进行假植保存。布置完种植试验后，填写测试样品试验栏后将样品流转记录表交回业务室。若有剩余样品，须在样品流转记录表中注明剩余量和在无性繁殖品种圃中的种植位置交回业务室。

6. 样品的安全存放

（1）当季测试样品的临时保存

测试室专人领取当季测试样品后，在种植前须安全保存样品。测试样品临时保存时，按不同测试周期进行分组，再按品种类型分类排放，排放时按品种编号由小到大顺序将样品置于无性繁殖材料样品室内（种苗保存专用网室），避免无关人员接触。

（2）标准样品/剩余样品的中长期保存

业务室分样后，将标准样品/剩余样品按照编号进行分类入圃（无性繁殖材料圃，见图1-4），并做好入圃记录（附件例8），便于样品圃的管理。

图 1-4　标准样品的保存

二、筛选近似品种

近似品种的筛选原则上是在待测品种测试前或者测试中进行的，必要时可以在完成规定测试周期后进行。一个待测品种可能会筛选出一个或多个近似品种。

1. 测试前的筛选

1）根据背景信息辅助筛选：根据待测样品的育种过程、亲本、品种系谱、文献资料等信息筛选，尤其是该植物品种的已知品种数据库尚未完全建立的情况下，可据此类信息辅助筛选。

2）根据技术问卷性状筛选：从数据库中查找与技术问卷中提供的分组性状表达状态相同的已知品种。通过使用分组性状，选择与待测品种一起种植的近似品种，并把这些近似品种进行分组以方便特异性测试。西番莲的分组性状如下。① 藤：形状；② 叶片：叶裂类型；③ 叶柄：蜜腺位置；④ 花：花瓣正面主色；⑤ 果实：纵径与横径比；⑥ 果实：果皮颜色。查找时，质量性状的表达状态应一致，假质量性状的表达状态一般可上下浮动1 个代码，数量性状的表达状态可上下浮动 2 个代码。操作时视具体性状而定。

3）DNA 指纹数据辅助筛选：利用已建立的 DNA 指纹库，对比待测品种和同组的已知品种的基因型数据，选择差异位点数少于阈值的已知品种和其他待测品种结合表型性状筛选近似品种。

将通过以上方式筛选出的近似品种与待测品种进行同组种植，验证技术问卷性状是否与观测到的性状数据一致，验证分组是否正确；并形成待测品种和所筛选近似品种的品种描述，同时，可矫正数据库中近似品种的描述。

2. 测试中的筛选

根据第 1 个生长周期测试所形成的品种描述，利用数据与图像进行近似品种的筛选。

如果技术问卷性状与观测到的性状数据一致，即第 1 测试周期的分组正确时，采用代码比较法，在同一组内进行比较，将质量性状不同，假质量性状有明显差异，数量性状表达状态差异大于 2 个代码的品种排除，筛选出该待测品种的最近似品种，进行第 2 个生长周期的测试。

同时，利用第 1 个生长周期测试得到的品种描述与其他组别测试品种进行代码比对，排除质量性状表达状态不同，假质量性状表达状态差异不小于 2 个代码，数量性状表达状态差异不小于 3 个代码的品种，筛选得到的近似品种与前面确定的最近似品种作为同一组测试材料进行第 2 个生长周期的测试。

如果技术问卷性状与观测到的性状数据不一致，即第 1 个测试周期的分组不正确时，则根据第 1 个周期测试所得的待测品种的性状描述与数据库中已知品种测试性状数据和当年其他组别的测试样品的性状数据进行比对，重新筛选该待测品种的最近似品种，进行第 2 个周期的测试。

3. 测试后的筛选

在编制和审核测试报告时进行筛选，对待测品种的特异性作出判定。当完成规定的测试周期后，出现 2 个周期性状表达状态不一致或近似品种的表达状态与数据库中的描述不符等异常情况时，需要再次进行近似品种的筛选，并延长测试周期。

以上所有近似品种的筛选记录均须提交档案室归档。

对于个别极大程度的创新型品种，可能无法筛选到合适的近似品种。

三、制定试验方案

测试员根据西番莲的测试任务、DUS 测试指南的要求和西番莲生长栽培特点，制定田间种植测试方案。包括不同类型或不同测试周期品种的种植日期、参试品种田间种植清单（类型、数量、样品名称、编号等）、田间试验设计、田间种植平面图、栽培管理措施、测试方法、性状观测记录表、工作记录表等内容。

1. 田间试验设计

（1）测试周期与地点

西番莲品种 DUS 测试的周期至少为 2 个独立的生长周期。测试通常在一个地点进行。

选择测试地点时，须充分考虑环境条件能满足测试品种植株正常生长及其性状正常表达的要求。如果某些性状在该地点不能充分表达，可考虑在其他符合条件的地点对其进行测试。为了便于田间管理和测试方便，一般将不同测试周期的待测样品分组布置。在样品量较大的情况下，可考虑将第 1 测试周期的待测品种与第 2 测试周期的待测品种分 2 个批次进行种植。

（2）试验设计内容

内容包括试验地点、地块面积、试验地土质、前茬作物、种植方式、区组划分、品种排列、小区面积、株距、行距、行数、每行定植株数、标准品种种植设计等。将待测品种与近似品种相邻种植，标准品种和测试品种在同一环境中种植。

以"2019—儋州—西番莲—1"试验为例：采用露地种植。试验地为花岗岩砖红壤，前作冬闲地，肥力中等（全氮 0.85 g/kg、有机质 14.39 g/kg、速效磷 10.3 mg/kg、速效钾 163 mg/kg），分布均匀。3 月 10 日种植，待测品种与近似品种相邻排列。小区行长 6 m，株行距为 2 m × 3 m，每行 4 株。待测品种与近似品种均为 4 行 16 株，小区面积为 54 m²（6.0 m × 9.0 m）。标准品种种植 3 行 12 株，不设重复。试验田四周设置保护行。

2. 编写田间种植清单

表头为"×× 年度西番莲 DUS 测试品种田间排列种植单"。内容为序号、区号、品种名称、小区行数、测试周期、品种类型等（附件例 9）。

3. 绘制田间种植平面图

确定好田间排列种植单后，根据试验地具体情况，绘制田间种植平面图，手绘或电脑制图，详细标明试验地的长、宽、区间道路位置、区组划分、小区行数、小区排列、四周保护行面积等（附件例 10）。

四、栽培管理

1. 试验地准备

试验地选择时，须地势较平坦、大小合适、排灌方便、肥力均匀，其土壤质量能代表当地西番莲主要种植区的土壤特性。根据试验进度及时安排翻耕、旋耕、平整、起垄、立柱、灌溉设施铺设等准备工作（图 1-5）。因西番莲属于直根系，其侧根较发达，因此前茬收获后要及时深耕，深度 30 cm 以上为佳。

图 1-5　试验地准备

2. 划　区

于种植前 2 天，按照绘制完成的田间种植图，对备耕好的地块进行划区，同时在每个小区插上标牌，标牌上写明小区编号和品种编号。划地完成后，试验地块的田间布置和小区排列顺序应该与种植平面图完全一致。

3. 种　植

种植前先按设定的株行距在畦面上打好种植穴，将种苗按照田间排列种植单上的顺序排放在小区上，写上相应的品种编号标牌。应注意的是，在小区种植时应首先确认植株上的品种编号完全与种植小区标牌一致后，再进行种植。种植时选择大小相当的健壮苗，移栽时带土移栽，尽量减少其根系的损伤，并确保定植深度适宜。定植时应选择阴天或晴天的下午，株行距为 200 cm × 300 cm（根据参试品种类型而定）。定植时，避免根系直接接触底肥（图 1-6）。

图 1-6　定植

（左：根部土壤疏松，不与底肥接触；右：种苗直接定于底肥上，导致生长异常）

4. 田间管理

各小区田间管理应严格一致，同一管理措施应同日完成。主要包括除草、施肥、病虫害防治等内容。管理应及时、恰当，不能使用植物生长调节剂。

（1）除　草

喷施除草剂：选择无风天气，最好在雨前，喷施短效除草剂，喷后田间封闭，4 天内不破坏土层；喷施时，采取必要的防护措施，避免对植物造成损伤（图 1-7）。

图 1-7　喷施除草剂时植株的防护（根部套护）

铺设防草布和人工除草：采取生态种植管理，田间道路或土地裸露的地方铺设防草布，植株根部附近采用人工锄草方式（图 1-8）。每个测试周期除草不少于 3 ～ 5 次，结合松土施肥，松土深度 15 ～ 25 cm，增加土壤透气性和蓄水能力，达到全面彻底。

（2）施　肥

基肥：西番莲需肥较多，每亩（1 亩 ≈ 666.7m²，全书同）撒施腐熟厩肥 5 000 kg、复合肥 20 kg，在整地前铺撒于地面，然后深翻入土，细耙拌匀，使土肥混合，开沟划小区前完成；或者采取穴施，每穴 5 ～ 10 kg 微生物有机肥（图 1-9）。

图 1-8　生态管理
（上：铺设防草布；下：人工打草）

图 1-9　穴施微生物有机肥

追肥：定植后 10～15 d 根系开始生长，可施第 1 次氮肥，在植株两侧 30 cm 处，开一条宽深各为 15～20 cm、长度为 50 cm 的平行沟，将粒肥施下并加以覆土，30～50 g/ 株（根据植株的长势确定）。以后每隔 15 d 施 1 次，每次每株施复合肥 0.05～0.1 kg。西番莲对 N、K 需要量大，P、Ca、Mg 需要量少。每年每株的施肥量应为 N 50～300 g，P_2O_5 100～150 g，K_2O 600～800 g，植株上架后薄施氮肥，复合肥为主，重施钾肥。液肥灌注于根系四周，诱导根系的生长；固体粒肥采用平行沟施或穴施，有利于根系的扩展。

（3）引蔓与整形

西番莲生长期间，藤蔓的牵引管理十分重要。当主蔓长至 60 cm 时，可用细竹竿或小号尼龙绳牵引主蔓上架（图 1-10）。上架前，及时抹掉侧芽，促进主蔓粗壮和速生。主蔓上架后，架上横向生长 1.5 m 后，打顶，促进侧蔓生长和挂果枝的抽生（图 1-10）。

（4）病虫害防治

西番莲生长期间病虫害防治极为重要，常见病害如下。

● 病毒病

全生育期均有发生，侵染百香果病毒种类多，多为混合侵染，3 种引起木质化，Potyvirus 为主。主要表现为花叶、畸形（图 1-11）。

防治方法：病毒病应预防为主，即将转入花期前，定期叶面喷施 0.5% 氨基寡糖

图 1-10　抹芽与牵蔓
（上：上架前牵引；下：上架后牵蔓与打顶）

图 1-11　西番莲病毒病症状（嫩枝与果实）

素水剂 500 ～ 800 倍、香菇多糖等进行预防。发病初期用 5% 菌毒清 WP400 ～ 500 倍液或 20% 病毒 AWP400 倍液或 15% 植病灵 1 000 倍液或 83% 增抗剂 100 倍防治 3 次，隔 7 ～ 10 天 1 次。苗期发现病株，立即拔除。已进入盛花盛果期，且发病率较高时，可停止拔除病株，采用定期喷施毒氟磷（500 ～ 1 000 倍液）等抗病毒剂延缓表症。

●疫霉病

多在雨季或越冬后高湿环境发生，小苗受害后，初期在茎、叶上出现水渍状病斑，病斑迅速扩大，导致叶片脱落或整株死亡。大田病株嫩梢变色枯死，叶片变棕褐色坏死，形成水渍状斑，果实也形成灰绿色水渍状斑，极易脱落，病株主蔓可发展形成环绕枝蔓的褐色坏死圈或条状大斑，最后整株枯死，在高温潮湿天气，见白色菌丝（病原菌）（图 1-12）。

防治方法：喷施 30% 氧氯化铜 300 倍液或 70% 百德福可湿性粉剂 800 倍液，每 10 ～ 14d 一次。

●茎基腐病

全生育期均可发生，其中 5—7 月（多雨、高温）是百香果茎基腐病的高发期。主要表现为主茎基部软腐，植株慢性死亡（图 1-13）。病部初期水渍状，后发褐，逐渐向上扩展，可达 30 ～ 50 cm，其茎叶多褪色枯死。潮湿时发病茎基可生白霉状病原菌，茎干死后有时产生红橙色的小粒。

图 1-12　西番莲疫霉病症状

图 1-13　西番莲茎基腐病症状
（左：苗期植株症状；右：结果期植株症状）

防治方法：深耕土壤，深埋病菌，减少病源。加强田间管理，保持土壤蓬松透气，保持田间空气湿度适宜，发现病枝、病叶，及时清理，避免茎部机械伤害；应用碱性肥料进行土壤调理至合适范围（pH 5.5 ～ 6.6）。4—8 月采取灌根预防，瑞苗清 500 倍 + 富锐 600 倍 + 丰地素 1 000 倍，每株淋药液 2.5 ～ 5 kg，每月淋一次，均匀淋在植株根部周围的土壤中。已发生茎基腐病的茎蔓，要把腐烂部位刮除后再用瑞苗清 + 噻森铜涂抹病部及周围。

● 褐斑病

多发于高温、高湿季节，叶片、果实均受害。主要靠空气传播，叶片感染时，初期在叶片上出现褐色小斑点，以后病斑逐渐扩大，病斑部组织革质化，后期病斑呈轮纹状。果实感染时，初期亦出现褐色小斑点，以后逐渐扩大，病斑部向下凹陷（图 1–14）。

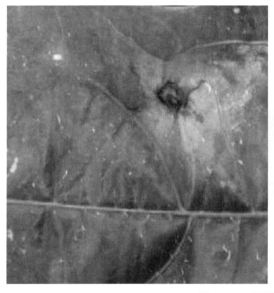

图 1–14　西番莲褐斑病症状

防治方法：适当修剪，避免枝条过密，促进通风及日照良好，注重田间清园，清除患病叶片，减少感染源，管理营养均衡提升抗性。在发病初期，用 25% 嘧菌酯悬浮剂 10 mL 加 40% 百菌清悬浮剂 20 mL 兑水 15 kg 喷雾，隔两天用 60% 吡唑醚菌酯；或用 50% 福美双可湿性粉剂 500 倍液喷雾防治；或 40% 腈菌唑乳油 3 000 倍液，5 ～ 7 d 喷 1 次，连喷 3 次。发病严重时，可追施微量元素硼。

● 煤烟病

又称为煤病、煤污病，高温高湿和叶、枝有灰尘、蚜虫蜜露等情况易发病。主要为害果实、枝条和叶片，叶片受害后，在叶面上会有一层疏松、网状的黑色绒毛状物（似煤烟），严重影响叶片的光合作用；花序受害，则会影响正常的开花授粉；果实受害，初期可以看见为数不多的小黑点，如同沾上少量煤灰，随着果实逐渐长大，黑点扩大成一片黑污色，通常由果蒂向下蔓延，严重时果面全部变黑（图 1-15）。

图 1-15　西番莲煤烟病症状
（左：叶片上表面症状；右：叶片下表面与叶柄蜜腺四周症状）

防治方法：使用 70% 的甲基托布津 750 倍或者 50% 的硫黄悬浮剂 1 500 倍均匀喷施。特别是叶背上要喷到位，正常喷过 2 次之后，隔 7 d 都能够防治煤烟病。

● 炭疽病

高温潮湿容易发生，结果期台风暴雨较多的阶段，该病害较重。叶片、茎蔓和果实均会出现黑褐色凹陷型水渍状病斑。发病初期，在叶缘产生半圆形或近圆形病斑，边缘深褐色，中央浅褐色，多个病斑融合成大的斑块，上生黑色小粒点（病原菌分生孢子盘）；发病重的叶片枯死或脱落，引起枝蔓干枯和果腐。病菌在 3—5 月雨季借雨水传播到花穗或幼果上，也可从有伤的果柄或果皮侵入（图 1-16）。

防治方法：加强田间管理，及时剪除并烧毁病枝病叶，减少田间菌量；收果后炭疽病引起果实腐烂，可采用 46 ～ 48℃热水浸果 20 min 来防治；发病后可用 30% 氧氯化铜 +70% 代森锰锌 +10% 吡虫啉或 5% 锐劲特（1：1：1）1 000 ～ 1 500 倍液，或 40% 三唑酮 + 多菌灵 +44% 多虫清（1：1：1）1 000 ～ 1 500 倍液，或 75% 百菌清 +70% 托布津 +5% 锐劲特（1：1：1）1 000 ～ 1 500 倍液，每 7 ～ 10 d 1 次，连续喷洒 2 ～ 3 次，加入磷酸二氢钾同喷。

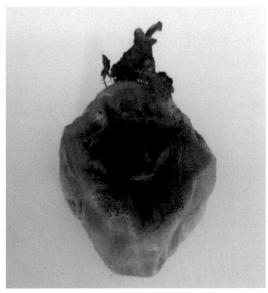

图 1-16　西番莲炭疽病症状
（左：发病早期；右：发病后期）

西番莲生长期间常见虫害如下。

● 蚜　虫

西番莲整个生长期均可发生，是传播病毒病的主要媒介之一。常群集于嫩叶、新梢、花蕾、顶芽等作物幼嫩组织，吸食汁液，被害的新梢嫩叶卷曲、皱缩，节间缩短，不能正常伸展，严重会导致嫩梢枯萎，引起幼果脱落及大量新梢无法抽出。蚜虫排泄的"蜜露"能诱发煤烟病，叶片卷曲硬化，影响叶片光合作用（图 1-17）。

图 1-17　蚜虫为害

防治方法：可采用黄板诱杀进行物理防治；采用26%啶虫脒和5%阿维菌素800～1 000倍液进行喷雾。

● 蓟 马

西番莲整个生长期均可遭受为害，主要为害是成虫和若虫锉吸西番莲幼嫩组织（枝梢、叶片、花、果实等）汁液，被害的嫩叶、嫩梢变硬卷曲枯萎，节间缩短，幼嫩果实木质化，严重时造成落花落果（图1-18）。

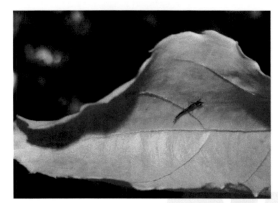

图 1-18　蓟马为害

防治方法：可采用蓝板诱杀进行物理防治；采用20%呋虫胺和5%阿维菌素800～1 000倍液进行喷雾。

● 蚧壳虫

主要发生于成龄植株，雌成虫和若虫把口器刺入枝干、果实和叶片上后吸取汁液，使植物丧失营养和大量失水。受害叶片常呈现黄色斑点，提早脱落；幼芽、嫩枝受害后生长不良，常导致发黄枯萎。同时大量排出蜜露，引发煤烟病，严重时全株枯死（图1-19）。

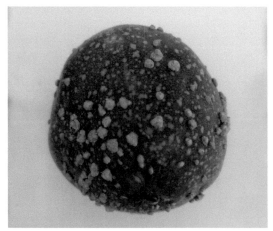

图 1-19　蚧壳虫为害

防治方法：全株喷施 10% 吡虫啉可湿性粉剂 1 500 倍液，或 0.2% 苦参碱水剂 1 000 倍液、或 4.5% 高效氯氰菊酯乳油 2 000 倍液，或 2.5% 溴氰菊酯 2 000 倍液混配 40% 毒死蜱乳油 1 000 倍液。

● 斑潜蝇

成、幼虫均可为害。雌成虫把植物叶片刺伤，进行取食和产卵，幼虫潜入叶片和叶柄为害，产生不规则蛇形白色虫道，叶绿素被破坏，影响光合作用，受害植株叶片脱落，造成花芽、果实日灼，严重的造成毁苗（图 1-20）。

防治方法：均匀喷雾灭蝇胺，10% 悬浮剂 300 ～ 400 倍液，或 20% 可溶性粉剂 600 ～ 800 倍液，或 50% 可湿性粉剂或 50% 可溶性粉剂 1 500 ～ 2 000 倍液，或 70% 可湿性粉剂或 70% 水分散粒剂 2 000 ～ 2 500 倍液，或 75% 可湿性粉剂 2 500 ～ 3 000 倍液。

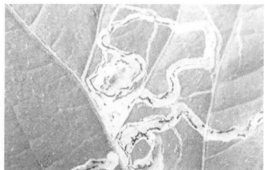

图 1-20　斑潜蝇为害

● 果实蝇

果实蝇成虫产卵于西番莲果实内，使果皮表面隆起，卵孵化后幼虫主要取食果肉，破坏其组织，使受害果实皱缩、发黄、腐烂。幼虫随受害果落地后，老熟幼虫穿出果皮入土化蛹，也有少数幼虫留在果内（图 1-21）。

图 1-21　果实蝇为害

防治方法：可利用成虫的趋光性、趋食性采用物理方法诱杀，如悬挂黄板、诱蝇醚（甲基丁香酚）等专用性诱剂等。也可用食物诱杀，桔丰实蝇诱剂 1 000 g 兑水 6 kg + 啶虫脒 10 g 1 袋，选几个点投饵，可同时诱杀雌、雄成虫。必要时采取化学防治：用溴氰虫酰胺、灭蝇胺、噻嗪酮等 + 嘉美金点 1 000 倍液喷雾。

● 叩头甲

主要为害花和根部。多以植物地下部分为食，主要的地下害虫之一。此外，在夜间爬上藤蔓，啃咬花座，食取蜜汁，造成花器受损或落花（图 1-22）。

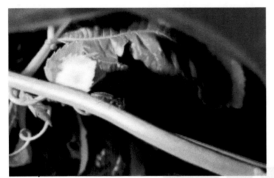

图 1-22　叩头甲为害

防治方法：可用 40% 的毒死蜱 1 500 倍，或 40% 的辛硫磷 500 倍与适量炒熟的麦麸或豆饼混合制成毒饵，于傍晚撒入西番莲基部。

● 金龟子

幼虫（蛴螬）啃食根或幼苗，主要的地下害虫之一；成虫为害植物的叶、花、芽及果实等（图 1-23）。咬食叶片呈网状孔洞和缺刻，严重时仅剩主脉。常在傍晚至晚上 10 时咬食最盛。

图 1-23　金龟子为害

防治方法：糖醋诱杀。必要时化学防治：用 50% 辛硫磷乳油 800 倍液或 1.8% 阿维菌素乳油 1 500 倍液进行灌根，每穴用药液 200 ～ 250 mL。

● 红蜘蛛

主要为害叶片，叶背取食，刺穿细胞，吸取叶液，使西番莲叶片失绿、发黄或卷曲，影响叶片正常生长，易传播病毒病，后期还会为害果实，果实表面呈现无数灰白色小斑点，导致果畸形，容易折断和脱落（图 1-24）。

图 1-24　红蜘蛛为害

防治方法：阿维菌素 + 哒螨灵 + 乙螨唑 800 ～ 1 000 倍液喷施，充分覆盖顶部嫩叶和叶背。

（5）合理供水

西番莲是直根系植物，喜湿润，但又忌积水。西番莲速生快长，需要大量的水分。新梢萌发期、花芽分化以及果实迅速膨大期（果实发育前中期）都是需水关键时期。而在花芽生理分化前及果实生长后期需要较干燥的环境，利于保证果实品质。

土壤缺水会限制西番莲的营养生长和产量。土壤若是过于干燥（水势 ≤ -150 Pa），会影响藤蔓及果实发育；严重时，枝条凋萎，果实不发育，并常发生落果现象。在春季或夏初的土壤如果缺水，也会影响花芽分化并直接造成夏季产量的下降。因此，在开花结果期间，水分偏少最好能灌溉，保证土壤水分充足。

灌水过量或雨水过多而造成浸水时，对西番莲的生长也不利。长时间浸水会使原有根系完全遭受破坏，需由茎与根基部或水面以上部分长出不定根，来取代原有根系。所以长时间浸水会对西番莲植株造成很大伤害。

田间管理中合理的水分供应极为重要。早上 9 点前，下午日落后浇水，避免高温浇水伤根。

五、性状观测（性状文字数据采集）

依据《植物品种特异性、一致性和稳定性测试指南　西番莲》总体的技术要求，参照本操作手册，开展品种性状观测工作。事先制定好"西番莲测试品种生育期记录表"（附件例 11）、"×× 年度西番莲测试品种目测性状记录表"（附件例 12）、"×× 年度西番莲测试品种测量性状记录表"（附件例 13）、"××年度西番莲测试品种图像数据采集记录表"（附件例 14）、"××年度西番莲测试品种收获物记录表"（附件例 15）、"××年度西番莲测试品种栽培管理记录及汇总表"（附件例 16）等系列记录表。在指南规定的时期内，对测试品种进行性状观察，做好数据记录和工作记录（非常重要的原始档案），原始记录必须经过复核和审核。

1. 测试性状

根据测试需要，将指南性状分为基本性状与选测性状，基本性状是测试中必须观测的性状，选测性状是在基本性状不能区别待测品种和近似品种时可选择测试的性状。基本性状又分为 3 类，即质量性状（QL）、数量性状（QN）和假质量性状（PQ）。

2. 观测时期

性状观测应在《植物品种特异性、一致性和稳定性测试指南　西番莲》表 A.1 和表 A.2 列出的生育阶段进行。生育阶段描述见指南表 B.1。

西番莲测试性状的观测主要集中在花期和商品果采收期。

3. 观测方法

性状观测应按照《植物品种特异性、一致性和稳定性测试指南　西番莲》表 A.1 和表 A.2 规定的观测方法进行，具体性状的观测方法和分级标准见本规程第二部分。

采用的 4 种观测方法为：群体目测（VG）、个体目测（VS）、群体测量（MG）和个体测量（MS）。

群体目测：对一批植株或植株的某器官或部位进行目测，获得一个群体记录。

个体目测：对一批植株或植株的某器官或部位进行逐个目测，获得一组个体记录。

群体测量：对一批植株或植株的某器官或部位进行测量，获得一个群体记录。

个体测量：对一批植株或植株的某器官或部位进行逐个测量，获得一组个体记录。

4. 观测数量

除非另有说明，个体观测性状 (MS) 植株取样数量不少于 10 个，在观测植株的器官或部位时，每个植株取样数量应为 2 个。群体观测性状（VG、MG）应观测整个小区或规定大小的混合样本。

5. 数量性状分级标准

对于数量性状的分级标准，具体见本规程的第二部分，测试机构会根据当年标准品种性状的表达状态作适当调整。

六、图像数据采集

根据 DUS 测试报告的要求，以及已知品种数据库建设的需要，在测试过程中应及时采集测试品种的图像数据。对需要拍摄照片的性状，按照本规程第三部分的要求进行拍照。每一个西番莲待测品种，在完成 DUS 测试工作后，须提供 3 ～ 5 张品种描述照片；对一致性和稳定性不合格的性状，须提供相应的佐证照片。如果待测品种无特异性，则应提供 3 张以上证明无特异性的主要形态性状的对比照片。反映特异性的照片，拍摄时须选择待测品种与近似品种差异最为直观、明显且具代表性的性状。照片内所显示的品种性状信息应与田间实际表现和完成的测试结果报告相符合。

七、数据处理和分析

测试数据应及时整理，并按照 DUS 测试要求进行处理和分析，形成适于 DUS 测试判定的处理结果。目测性状测试结果以代码及表达状态表示；测量性状测试结果以数值、代码及表达状态表示。

八、特异性、一致性及稳定性判定

1. 总体原则

对采集的品种性状数据和图片，按照《植物新品种特异性、一致性和稳定性测试指南 总则》（GB/T 19557.1—2004）和《植物品种特异性、一致性和稳定性测试指南 西番莲》的要求，进行分析，形成适于 DUS 测试判定的处理结果。

2. 特异性的判定

待测品种应明显区别于所有已知品种。在测试中，当待测品种至少在一个性状上与近似品种具有明显且可重现的差异时，即可判定待测品种具备特异性。

3. 一致性的判定

一般采用异型株法来判定待测品种是否具备一致性。

西番莲一致性判定时，采用 1% 的群体标准和至少 95% 的接受概率。当样本大小为 10 株时，最多可以允许有 1 个异型株。

异型株：同一品种群体内处于正常生长状态的、但其整体或部分性状与绝大多数典型植株存在明显差异的植株。测试材料中与待测品种完全不同或不相关的植株，既不能将其视为异型株，也不能将其视为该品种。如果这些植株的存在不影响测试所需植株数量或测试进程，则可忽略；反之，则不可忽略。

4. 稳定性的判定

如果一个品种具备一致性，则可认为该品种具备稳定性。一般不对稳定性进行测试。

必要时，可以种植该品种的下一批种苗，与以前提供的繁殖材料相比，若性状表达无明显变化，则可判定该品种具备稳定性。

杂交种的稳定性判定，除直接对杂交种本身进行测试外，还可以通过对其亲本系的一致性和稳定性鉴定的方法进行判定。

九、测试报告编制

完成2个生长周期测试后，测试员根据2年的数据分析结果，结合测试过程中有关品种表现的详细记录，对测试品种的特异性、一致性和稳定性进行判定和评价，在线完成测试报告的编制和提交。测试分中心业务副主任或技术负责人对测试报告的数据、结果等进行全面审核，审核通过后在线提交给测试分中心主任（或行政副主任）批准。批准人、审核人发现有问题或有疑问的测试报告，直接反馈给相关责任人，需要重新编制的报告须逐级退回。

测试报告由报告首页、性状描述表和图像描述3部分组成（附件例17）。此外，可能出现下列情况：① 待测品种不具备一致性，报告中须附上"一致性测试不合格结果表"（附件例18）；② 待测品种不具备特异性，报告中须附上"性状描述对比表"（附件例19）；③ 必要时，报告中需附上某个数量性状的具体统计分析表。

测试报告在线批准后，测试员即可在线生成和打印正式测试报告，并按要求在"图像描述"页面贴上所需照片。纸质测试报告一式三份，相关人员签字和盖章后，两份上交测试中心或者递交给其他委托人，一份副本由测试分中心归档保存。

十、问题反馈与处理

若测试过程中出现了问题，应及时向主管部门和审查员或其他委托人反馈，征求处理意见。例如，植株定植后不能正常生长、自然灾害或人为因素造成试验材料或数据损失等情况，要及时汇报沟通，并采取切实有效的补救措施。反馈与处理过程需形成档案，确保可追溯。

十一、收获物处理

测试品种性状测试结束后，要对小区所有成熟果实进行收获，全部进行混合处理；对全部枝蔓进行清理和青贮。

十二、测试资料归档

测试工作要实事求是，测试过程中产生的一切数据、文字、图像等纸质或电子版资料，都应及时整理归档保存，包括测试任务书、品种接收单、品种田间种植清单、田间种植平面图、试验实施方案、栽培管理记录、性状测试（数据采集）记录表、数据处理备忘录、测试报告与审核备忘录、测试工作总结、图像数据及其他相关资料。

第二部分　　西番莲品种 DUS 测试

一、性状观测

依据《植物品种特异性、一致性和稳定性测试指南　西番莲》总体的技术要求，参照本操作手册，开展品种性状观测工作。事先制定好表格进行观测记录，表格包括：测试品种目测性状原始记录表、测量性状原始记录表、图像数据采集记录表，在指南规定的时间内，对测试品种进行性状观察和测量，做好数据、图像记录。此外还需制定栽培管理记录及汇总表、收获记录表等工作记录。

1. 观测方法

性状观测按照《植物品种特异性、一致性和稳定性测试指南 西番莲》表 A.1 和表 A.2 规定的观测方法（VG、VS、MG、MS）进行。具体性状的观测方法和分级标准详见本部分的"性状调查与分级标准"。

2. 观测数量

除非另有说明，个体观测性状 (MS) 植株取样数量不少于 10 个，在观测植株的器官或部位时，每个植株取样数量应为 2 个。群体观测性状 (VG、MG) 应观测整个小区或规定大小的混合样本。

3. 数量性状分级标准

不同的生态区域，应根据标准品种性状的表达情况和本生态区域的品种特性，制定一套适合本生态区域的数量性状的分级标准。本部分数量性状分级为海南儋州分级标准。

需特别注意的是，对于某一个测试点，数量性状的分级标准还应根据本年度标准品种性状的表达情况作适当的调整。

4. 观测时期

性状观测应在《植物品种特异性、一致性和稳定性测试指南 西番莲》表 A.1 和表 A.2 列出的生育阶段进行。生育阶段描述见表 2-1。

表 2-1　西番莲生育阶段

代码	名称	描述
20	幼苗期（图 2-1）	
21	幼苗生长期	第 1 叶展开到 5 片真叶展开
23	6 片叶展开	6 片真叶展开
30	蔓期	
31	进入蔓期	藤上开始长卷须，进入蔓生长期
35	枝蔓快速生长期	枝蔓开始快速生长，叶片和蔓并长

（续表）

代码	名称	描述
38	枝蔓稳定生长期	叶片和蔓生长缓慢，达到相对繁茂稳定，转向生殖生长
40		花期
42	初花期	植株约 5% 的花朵开放
45	盛花期	盛花期，全株约 50% 花朵开放
50		果期（图 2-2）
56	商品果实成熟期	果实表面 70% 转色
58	果实完熟期	果实完熟期，种子达到完全成熟，果实表面完全转色

　　西番莲从种苗定植到展蔓开花约 3 个月，从开花至果实采收约需 3 个月。整个果实采收期长达 60 ～ 70 d。西番莲测试性状的观测主要集中在盛花期和商品果采收期、完熟期。西番莲在温度光照条件适宜情况下，可多次开花结果，在海南因定植季节不同，可集中开花挂果 2 ～ 3 批。幼苗期示意图见图 2-1，果期示意图见图 2-2。

第 1 对子叶展开	第 1 对真叶展开	6 片真叶展开

图 2-1　幼苗期示意图

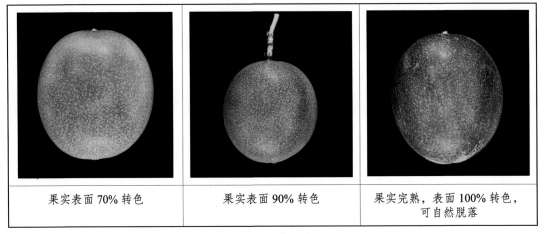

果实表面 70% 转色	果实表面 90% 转色	果实完熟，表面 100% 转色，可自然脱落

图 2-2　果期示意图

二、性状调查与分级标准

（一）性状观测与分级

性状 1 叶柄：花青苷显色

性状类型：QL。

观测时期：幼苗生长期（21）。

观测部位：叶柄。

观测方法：目测叶柄花青苷是否显色。观测整个小区，对照参考图片，并按表 2-2 进行分级。如小区内性状表达不一致，应调查其一致性。

表 2-2 叶柄：花青苷显色分级

表达状态	无	有
代码	1	9
参考图片		

性状 2 藤：颜色

性状类型：PQ。

观测时期：枝蔓稳定生长期—初花期（38～42）。

观测部位：藤。

观测方法：目测整个小区藤的颜色。观测整个小区，对照参考图片，并按表 2-3 进行分级。如小区内性状表达不一致，应调查其一致性。

表 2-3 藤：颜色分级

表达状态	浅绿色	中等绿色	深绿色
代码	1	2	3
参考图片			

表达状态	紫绿色	紫红色	紫色
代码	4	5	6
参考图片			

性状 3　藤：形状

性状类型：QL。

观测时期：枝蔓稳定生长期—初花期（38 ～ 42）。

观测部位：藤。

观测方法：目测整个小区藤的形状。观测整个小区，对照参考图片，并按表 2-4 进行分级。如小区内性状表达不一致，应调查其一致性。

表 2-4　藤：形状分级

表达状态	圆柱形	菱形
代码	1	2
参考图片		

性状 4　卷须：着生位置

性状类型：QL。

观测时期：枝蔓稳定生长期—初花期（38 ～ 42）。

观测部位：卷须。

观测方法：目测整个小区卷须着生位置。观测整个小区，对照参考图片，并按表 2-5 进行分级。如小区内性状表达不一致，应调查其一致性。

表 2-5 卷须：着生位置分级

表达状态	叶腋处	与叶对生
代码	1	2
参考图片		暂无图片

性状 5　叶片：质地

性状类型：QL。

观测时期：枝蔓稳定生长期—初花期（38～42）。

观测部位：叶片。

观测方法：用手触摸当季生长旺盛的芽中间第 3 个芽上发育完全的叶片质地。观测整个小区，对照标准品种，并按表 2-6 进行分级。如小区内性状表达不一致，应调查其一致性。

表 2-6 叶片：质地分级

表达状态	纸质	革质
代码	1	2
标准品种	台农	大果西番莲
参考图片		

性状 6　叶片：叶裂类型

性状类型：QL。

观测时期：枝蔓稳定生长期—初花期（38～42）。

观测部位：叶片。

观测方法：目测当季生长旺盛的芽中间第3个芽上发育完全的叶片叶裂类型。观测整个小区，对照参考图片，并按表2-7进行分级。如小区内性状表达不一致，应调查其一致性。

表2-7 叶片：叶裂类型分级

表达状态	不分裂	2裂	浅3裂（平截）	掌状3裂	掌状5裂
代码	1	2	3	4	5
参考图片					

性状7 仅适用于叶片不分裂型品种：叶片：形状

性状类型：PQ。

观测时期：枝蔓稳定生长期—初花期（38～42）。

观测部位：叶片。

观测方法：目测当季生长旺盛的芽中间第3个芽上发育完全的叶片形状。观测整个小区，对照参考图片，并按表2-8进行分级。如小区内性状表达不一致，应调查其一致性。

表2-8 仅适用于叶片不分裂型品种：叶片：形状分级

表达状态	长卵形	阔卵形	心形	长椭圆形	阔椭圆形
代码	1	2	3	4	5
参考图片					

性状8 叶片：叶缘

性状类型：QL。

观测时期：枝蔓稳定生长期—初花期（38～42）。

观测部位：叶片。

观测方法：目测当季生长旺盛的芽中间第3个芽上发育完全的叶片叶缘。观测整个小区，对照/参考图片，并按表2-9进行分级。如小区内性状表达不一致，应调查其一致性。

表 2-9　叶片：叶缘分级

表达状态	全缘	锯齿
代码	1	2
参考图片		

性状 9　叶片：长度

性状类型：QN。

观测时期：枝蔓稳定生长期—初花期（38～42）。

观测部位：叶片。

观测方法：选取当季生长旺盛的芽中间第 3 个芽上发育完全的叶片，测量其叶片长度。采用单个测量，每个植株取 2 片叶片，共测量 20 片。对照标准品种，并参考表 2-10 进行分级。如小区内性状表达不一致，应调查其一致性。

表 2-10　叶片：长度分级

表达状态	极短	极短到短	短	短到中	中	中到长	长
代码	1	2	3	4	5	6	7
标准品种			紫花西番莲		台农		苹果西番莲
叶片长度（cm）	≤ 3.0	(3.0,5.0]	(5.0,7.0]	(7.0,10.0]	(10.0,13.0]	(13.0,16.0]	> 16.0

性状 10　叶片：宽度

性状类型：QN。

观测时期：枝蔓稳定生长期—初花期（38～42）。

观测部位：叶片。

观测方法：选取当季生长旺盛的芽中间第 3 个芽上发育完全的叶片，测量其叶片宽度。采用单个测量，每个植株取 2 张叶片，测量 20 张。观测整个小区，对照标准品种，并参考表 2-11 进行分级。如小区内性状表达不一致，应调查其一致性。

表 2-11　叶片：宽度分级

表达状态	极窄	窄	中	宽	极宽
代码	1	2	3		
标准品种		福建 3 号	大果西番莲	黄妃	
叶片宽度（cm）	≤ 5.5	(5.5,8.5]	(8.5,12.5]	(12.5,15.5]	> 15.5

性状 11　仅适用于裂叶型品种：叶片：中端圆裂片宽度

性状类型：QN。

观测时期：枝蔓稳定生长期—初花期（38 ～ 42）。

观测部位：叶片。

观测方法：选取当季生长旺盛的芽中间第 3 个芽上发育完全的叶片，测量其中端圆裂片宽度。采用单个测量，每个植株取 2 片叶片，共测量 20 片。对照标准品种，并参考表 2-12 进行分级。如小区内性状表达不一致，应调查其一致性。中端圆裂片宽度示意图见图 2-3。

表 2-12　仅适用于裂叶型品种：叶片：中端圆裂片宽度分级

表达状态	极窄	极窄到窄	窄	窄到中	中	中到宽	宽
代码	1	2	3	4	5	6	7
标准品种		蓝冠西番莲	维多利亚		玛格丽特		
中端圆裂片宽度（cm）	≤ 1.0	(1.0,2.0]	(2.0,3.0]	(3.0,4.0]	(4.0,6.0]	(6.0,7.0]	> 7.0

叶片中端圆裂片宽度

图 2-3　中端圆裂片宽度示意图

性状 12　仅适用于裂叶型品种：叶片：裂刻深度

性状类型：QN。

观测时期：枝蔓稳定生长期—初花期（38～42）。

观测部位：叶片。

观测方法：观测当季生长旺盛的芽中间第3个芽上发育完全的叶片裂刻深度。观测整个小区，对照参考图片，并参照表2-13进行分级。如小区内性状表达不一致，应调查其一致性。

表2-13　仅适用于裂叶型品种：叶片：裂刻深度分级

表达状态	浅	中	深
代码	1	2	3
参考图片			

性状 13　叶片：绿色强度

性状类型：QN。

观测时期：枝蔓稳定生长期—初花期（38～42）。

观测部位：叶片。

观测方法：观测当季生长旺盛的芽中间第3个芽上发育完全的叶片绿色强度。观测整个小区，对照参考图片，并参照表2-14进行分级。如小区内性状表达不一致，应调查其一致性。

表2-14　叶片：绿色强度分级

表达状态	浅	中	深
代码	1	2	3
参考图片			

性状 14　*叶片：泡状

性状类型：QL。

观测时期：枝蔓稳定生长期—初花期（38～42）。

观测部位：叶片。

观测方法：观测当季生长旺盛的芽中间第3个芽上发育完全的叶片是否有泡状。观测整个小区，对照参考图片，并参照表2-15进行分级。如小区内性状表达不一致，应调查其一致性。

表2-15　叶片：泡状分级

表达状态	无	有
代码	1	9
参考图片		

性状 15　叶片：泡状程度

性状类型：QN。

观测时期：枝蔓稳定生长期—初花期（38～42）。

观测部位：叶片。

观测方法：观测当季生长旺盛的芽中间第3个芽上发育完全的叶片泡状程度。观测整个小区，对照参考图片，并参照表2-16进行分级。如小区内性状表达不一致，应调查其一致性。

表2-16　叶片：泡状程度分级

表达状态	弱	中	强
代码	1	2	3
参考图片			

性状 16 叶柄：长度

性状类型：QN。

观测时期：枝蔓稳定生长期—初花期（38 ～ 42）。

观测部位：叶柄。

观测方法：选取当季生长旺盛的芽中间第 3 个芽上发育完全的叶片，测量其叶柄长度。采用单个测量，每个植株取 2 片叶片，共测量 20 片。对照标准品种，并参考表 2-17 进行分级。如小区内性状表达不一致，应调查其一致性。

表 2-17 叶柄：长度分级

表达状态	极短	短	中	长	极长
代码	1	2	3	4	5
标准品种	双花西番莲	蓝冠西番莲	红花西番莲	台农	
叶柄长度(cm)	≤ 1.0	(1.0,3.0]	(3.0,5.0]	(5.0,7.0]	> 7.0

性状 17 * 叶柄：蜜腺位置

性状类型：QL。

观测时期：枝蔓稳定生长期—初花期（38 ～ 42）。

观测部位：叶柄。

观测方法：选取当季生长旺盛的芽中间第 3 个芽上发育完全的叶片，观测其叶柄蜜腺位置。观测整个小区，对照参考图片，并参照表 2-18 进行分级。如小区内性状表达不一致，应调查其一致性。

表 2-18 叶柄：蜜腺位置分级

表达状态	叶柄上部	叶柄中部	叶柄基部
代码	1	2	3
参考图片			

性状 18　蜜腺：数量

性状类型：QL。

观测时期：枝蔓稳定生长期—初花期（38 ～ 42）。

观测部位：蜜腺。

观测方法：选取当季生长旺盛的芽中间第 3 个芽上发育完全的叶片，观测其叶柄蜜腺的数量。观测整个小区，对照参考图片，并参照表 2–19 进行分级。如小区内性状表达不一致，应调查其一致性。

表 2–19　蜜腺：数量分级

表达状态	2个	> 2个
代码	1	2
参考图片		

性状 19　花：苞片类型

性状类型：QL。

观测时期：盛花期（45）。

观测部位：花。

观测方法：选取完全盛开的花，观测苞片类型。观测整个小区，对照参考图片，并参考表 2–20 进行分级。如小区内性状表达不一致，应调查其一致性。

表 2–20　花：苞片类型分级

表达状态	全缘	锯齿	羽状
代码	1	2	3
参考图片			

性状 20　花：苞片长度

性状类型：QN。

观测时期：盛花期（45）。

观测部位：花。

观测方法：选取完全盛开的花，测量苞片长度，每个植株取 2 朵盛开的花，每朵花测量其最长苞片长度，测量 20 朵花。观测整个小区，对照标准品种，并参考表 2-21 进行分级。如小区内性状表达不一致，应调查其一致性。萼片、花瓣示意（正面）见图 2-4，苞片、萼片、花瓣示意（背面）见图 2-5。

表 2-21　花：苞片长度分级

表达状态	极短	短	中	长	极长
代码	1	2	3	4	5
标准品种		玛格丽特西番莲	台农		苹果西番莲
苞片长度（cm）	≤ 1.5	(1.5,2.5]	(2.5,3.5]	(3.5,4.5]	> 4.5

图 2-4　萼片、花瓣示意（正面）
注：1- 花瓣；2- 萼片。

图 2-5　苞片、萼片、花瓣示意（背面）
注：1- 萼片；2- 苞片；3- 花瓣。

性状 21　花：萼片长度

性状类型：QN。

观测时期：盛花期（45）。

观测部位：花。

观测方法：选取完全盛开的花，测量萼片长度，每个植株取 2 朵盛开的花，每朵花测量其最长萼片长度，测量 20 朵花。观测整个小区，对照标准品种，并参考表 2-22 进行分级。如小区内性状表达不一致，应调查其一致性。

表2-22　花：萼片长度分级

表达状态	极短	极短到短	短	短到中	中	中到长	长	长到极长	极长
代　码	1	2	3	4	5	6	7	8	9
标准品种			桑叶西番莲		台农				红花
花瓣长度（cm）	≤ 1.5	(1.5,2.0]	(2.0,2.5]	(2.5,3.0]	(3.0,3.5]	(3.5,4.0]	(4.0,4.5]	(4.5,5.0]	> 5.0

性状 22　花：萼片宽度

性状类型：QN。

观测时期：盛花期（45）。

观测部位：花。

观测方法：选取完全盛开的花，测量萼片长度，每个植株取 2 朵盛开的花，每朵花测量其最宽萼片宽度，测量 20 朵花。观测整个小区，对照标准品种，并参考表 2-23 进行分级。如小区内性状表达不一致，应调查其一致性。

表2-23　花：萼片宽度分级

表达状态	窄	中	宽
代　码	1	2	3
标准品种		紫果西番莲	大果西番莲
苞片宽度（cm）	≤ 0.6	(0.6,1.6]	> 1.6

性状 23　花：花瓣长度

性状类型：QN。

观测时期：盛花期（45）。

观测部位：花。

观测方法：选取完全盛开的花，测量萼片长度，每个植株取 2 朵盛开的花，每朵花测量其最长花瓣长度，测量 20 朵花。观测整个小区，对照标准品种，并参考表 2-24 进行分级。如小区内性状表达不一致，应调查其一致性。

表2-24　花：花瓣长度分级

表达状态	极短	极短到短	短	短到中	中	中到长	长	长到极长	极长
代　码	1	2	3	4	5	6	7	8	9
标准品种	桑叶西番莲				台农				红花
花瓣长度（cm）	≤ 1.5	(1.5,2.0]	(2.0,2.5]	(2.5,3.0]	(3.0,3.5]	(3.5,4.0]	(4.0,4.5]	(4.5,5.0]	> 5.0

性状 24　花：花瓣宽度

性状类型：QN。

观测时期：盛花期（45）。

观测部位：花。

观测方法：选取完全盛开的花，测量萼片长度，每个植株取 2 朵盛开的花，每朵花测量其最宽花瓣宽度，测量 20 朵花。观测整个小区，对照标准品种，并参照表 2-25 进行分级。如小区内性状表达不一致，应调查其一致性。

表 2-25　花：花瓣宽度分级

表达状态	窄	中	宽
代码	1	2	3
标准品种	桑叶西番莲	台农	大果西番莲
花瓣宽度（cm）	≤ 0.5	(0.5,1.5]	> 1.5

性状 25　花：花瓣正面主色

性状类型：PQ。

观测时期：盛花期（45）。

观测部位：花。

观测方法：选取完全盛开的花，观测花瓣正面主色。观测整个小区，对照参考图片，并参照表 2-26 进行分级。如小区内性状表达不一致，应调查其一致性。

表 2-26　花：花瓣正面主色分级

表达状态	白色	粉红色	橙红色	红色
代码	1	2	3	4
参考图片				

表达状态	浅紫红色	深紫红色	紫色	蓝紫色
代码	5	6	7	8
参考图片				

性状 26　花：花冠喉斑点状环纹的色彩强度

性状类型：QN。

观测时期：盛花期（45）。

观测部位：花。

观测方法：选取完全盛开的花，观测花冠喉斑点状环纹的色彩强度。观测整个小区，对照参考图片，并参照表 2-27 进行分级。如小区内性状表达不一致，应调查其一致性。副花冠示意图见图 2-6。

表 2-27　花：花冠喉斑点状环纹的色彩强度分级

表达状态	无或浅	浅	中
代码	1	2	3
参考图片	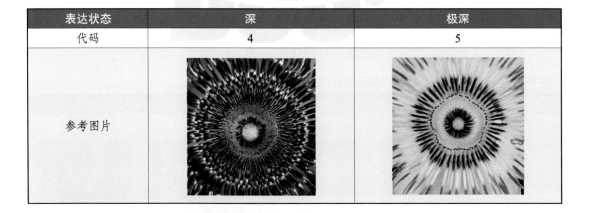		

表达状态	深	极深
代码	4	5
参考图片		

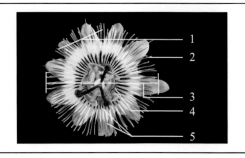

注：1- 副花冠花丝末端斑点；
2- 副花冠花丝的远端部分；
3- 丝状副花冠直径；
4- 花冠喉斑点状环纹；
5- 副花冠花丝上的紫色环纹

图 2-6　副花冠示意图

性状 27　花：副花冠花丝上的紫色环纹

性状类型：QL。

观测时期：盛花期（45）。

观测部位：花。

观测方法：选取完全盛开的花，观测副花冠外轮花丝上的紫色环纹。观测整个小区，对照参考图片，并参照表 2-28 进行分级。如小区内性状表达不一致，应调查其一致性。

表 2-28　花：副花冠花丝上的紫色环纹分级

表达状态	无	有
代码	1	9
参考图片		

性状 28　花：外副花冠花丝颜色数量

性状类型：QN。

观测时期：盛花期（45）。

观测部位：花。

观测方法：选取完全盛开的花，观测副花冠花丝上的紫色环纹。观测整个小区，对照标准参考图片，并参照表 2-29 进行分级。如小区内性状表达不一致，应调查其一致性。

表 2-29　花：外副花冠花丝颜色数量分级

表达状态	1 种	2 种	≥ 3 种
代码	1	2	3
参考图片			

性状 29   仅适用于外副花冠花丝颜色数量为 1 种的品种：花：外副花冠花丝颜色分级

性状类型：QL。

观测时期：盛花期（45）。

观测部位：花。

观测方法：选取完全盛开的花，观测外副花冠花丝颜色。观测整个小区，对照参考图片，并参照表 2–30 进行分级。如小区内性状表达不一致，应调查其一致性。

表 2–30   仅适用于外副花冠花丝颜色数量为 1 种的品种：花：外副花冠花丝颜色分级

表达状态	白色	浅绿色	红色	紫黑色
代码	1	2	3	4
参考图片				

性状 30   花：副花冠花丝长度

性状类型：QN。

观测时期：盛花期（45）。

观测部位：花。

观测方法：选取完全盛开的花，测量副花冠花丝长度，每个植株取 2 朵盛开的花，测量 20 朵花。观测整个小区，对照标准品种，并参考表 2–31 进行分级。如小区内性状表达不一致，应调查其一致性。

表 2–31   花：副花冠花丝长度分级

表达状态	极短	极短到短	短	短到中	中	中到长	长	长到极长	极长
代码	1	2	3	4	5	6	7	8	9
标准品种	三角叶西番莲	紫果西番莲			大黄金		大果西番莲		
副花冠花丝长度（cm）	≤ 0.5	(0.5,1.5]	(1.5,2.5]	(2.5,3.5]	(3.5,4.5]	(4.5,5.5]	(5.5,6.5]	(6.5,7.5]	> 7.5

性状 31   花：丝状副花冠直径

性状类型：QN。

观测时期：盛花期（45）。

观测部位：花。

观测方法：选取完全盛开的花，测量丝状副花冠直径，每个植株取 2 朵盛开的花，测量 20 朵花。观测整个小区，对照标准品种，并参考表 2-32 进行分级。如小区内性状表达不一致，应调查其一致性。

表 2-32　花：丝状副花冠直径分级

表达状态	极小	小	中	大	极大
代码	1	2	3	4	5
标准品种	三角叶西番莲	小黄金	台农		
丝状副花冠直径（cm）	≤ 2.0	(2.0,4.0]	(4.0,6.0]	(6.0,8.0]	> 8.0

性状 32　花：副花冠花丝末端斑点

性状类型：QL。

观测时期：盛花期（45）。

观测部位：花。

观测方法：选取完全盛开的花，观测花副花冠花丝末端斑点有无。观测整个小区，对照参考图片，并参照表 2-33 进行分级。如小区内性状表达不一致，应调查其一致性。

表 2-33　花：副花冠花丝末端斑点分级

表达状态	无	有
代码	1	9
参考图片		

性状 33　* 果实：纵径

性状类型：QN。

观测时期：商品果实成熟期—果实完熟期（56 ～ 58）。

观测部位：果实。

观测方法：每株选取 2 个成熟可食的果实，测量其果实纵径，测 20 个果实。对照标准品种，并参考表 2-34 进行分级。如小区内性状表达不一致，应调查其一致性。

表 2-34 果实：纵径分级

表达状态	极短	极短到短	短	短到中	中	中到长	长	长到极长	极长
代码	1	2	3	4	5	6	7	8	9
标准品种	三角叶西番莲		小黄金		台农		满天星		大果西番莲
果实纵径（cm）	≤ 1.0	(1.0,3.0]	(3.0,5.0]	(5.0,6.0]	(6.0,7.0]	(7.0,8.0]	(8.0,9.0]	(9.0,11.0]	> 11.0

性状 34 * 果实：横径

性状类型：QN。

观测时期：商品果实成熟期—果实完熟期（56 ~ 58）。

观测部位：果实。

观测方法：每株选取 2 个成熟可食的果实，测量其果实横径，测 20 个果实。对照标准品种，并参考表 2-35 进行分级。如小区内性状表达不一致，应调查其一致性。

表 2-35 果实：横径分级

表达状态	极小	极小到小	小	小到中	中	中到大	大	大到极大	极大
代码	1	2	3	4	5	6	7	8	9
标准品种	三角叶西番莲		小黄金		满天星		大黄金	大果西番莲	
果实横径（cm）	≤ 1.0	(1.0,3.0]	(3.0,5.0]	(5.0,6.0]	(6.0,7.0]	(7.0,8.0]	(8.0,9.0]	(9.0,10.0]	> 10.0

性状 35 * 果实：纵径与横径比

性状类型：QN。

观测时期：商品果实成熟期—果实完熟期（56-58）。

观测部位：果实。

观测方法：每株选取 2 个成熟可食的果实，测量其果实纵径与横径比，测 20 个果实。对照标准品种，并参考表 2-36 进行分级。如小区内性状表达不一致，应调查其一致性。

表 2-36　果实：纵径与横径比分级

表达状态	极小	小	中	大	极大
代码	1	2	3	4	5
标准品种		芭乐小黄金	大黄金	汕头黄金	大果西番莲
果实：纵径与横径比	≤ 0.92	(0.92,1.02]	(1.02,1.12]	(1.12,1.22]	> 1.22
参考图片					

性状 36　* 果实：果皮颜色

性状类型：PQ。

观测时期：商品果实成熟期—果实完熟期（56 ～ 58）。

观测部位：果实。

观测方法：每株选取 2 个成熟可食的果实，观测果实果皮颜色。对照参考图片，并按表 2-37 进行分级。如小区内性状表达不一致，应调查其一致性。

表 2-37　果实：果皮颜色分级

表达状态	黄绿色	黄色	深橙色	橙红色
代码	1	2	3	4
参考图片				

表达状态	紫红色	深紫色	蓝紫色	黑紫色
代码	5	6	7	8
参考图片				

性状 37　果实：皮孔

性状类型：QL。

观测时期：商品果实成熟期—果实完熟期（56～58）。

观测部位：果实。

观测方法：每株选取 2 个成熟可食的果实，观测果实皮孔。对照参考图片，并按表 2-38 进行分级。如小区内性状表达不一致，应调查其一致性。

表 2-38　果实：皮孔分级

表达状态	不明显	明显
代码	1	2
参考图片		

性状 38　果实：果皮厚度

性状类型：QN。

观测时期：商品果实成熟期—果实完熟期（56～58）。

观测部位：果实。

观测方法：每株选取 2 个成熟可食的果实，沿横切面切开，目测果实果皮厚度。对照参考图片，并按表 2-39 进行分级。如小区内性状表达不一致，应调查其一致性。

表 2-39　果实：果皮厚度分级

表达状态	薄	中	厚
代码	1	2	3
参考图片			

性状 39　果实：胎座颜色

性状类型：QL。

观测时期：商品果实成熟期—果实完熟期（56 ～ 58）。

观测部位：果实。

观测方法：每株选取 2 个成熟可食的果实，沿横切面切开，目测果实胎座颜色。对照参考图片，并按表 2-40 进行分级。如小区内性状表达不一致，应调查其一致性。

表 2-40　果实：胎座颜色分级

表达状态	白色	黄白色	粉红色	紫色
代码	1	2	3	4
参考图片				

性状 40　果实：果肉颜色

性状类型：PQ。

观测时期：商品果实成熟期—果实完熟期（56 ～ 58）。

观测部位：果实。

观测方法：每株选取 2 个成熟可食的果实，沿横切面切开，目测果实果肉颜色。为避免果肉在空气中氧化变色，切开后的果肉应立即观测，放置不宜超过 2 min。对照参考图片，并按表 2-41 进行分级。如小区内性状表达不一致，应调查其一致性。

表 2-41　果实：果肉颜色分级

表达状态	白色	浅黄色	中等黄色	橙黄色
代码	1	2	3	4
参考图片				

（续表）

表达状态	橙色	橙红色	红色
代码	5	6	7
参考图片	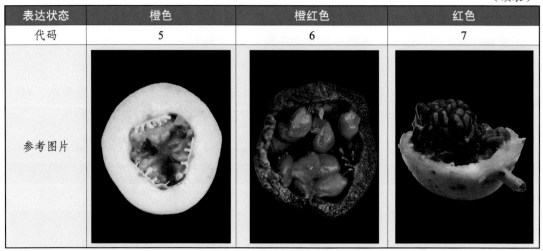		

性状 41 果实：种子形状

性状类型：PQ。

观测时期：商品果实成熟期—果实完熟期（56～58）。

观测部位：种子。

观测方法：每株选取 2 个成熟可食的果实，取出种子，目测种子形状。对照参考图片，并按表 2-42 进行分级。如小区内性状表达不一致，应调查其一致性。

表 2-42 果实：种子形状分级

表达状态	卵状三角形	阔卵形	近楔形	倒心形
代码	1	2	3	4
参考图片				

性状 42 果实：种子大小

性状类型：QN。

观测时期：商品果实成熟期—果实完熟期（56～58）。

观测部位：种子。

观测方法：每株选取 2 个成熟可食的果实，取出种子，目测种子大小。对照参考图片，并按表 2-43 进行分级。如小区内性状表达不一致，应调查其一致性。

表 2-43 果实：种子大小分级

表达状态	极小	小	中	大	极大
代码	1	2	3	4	5
标准品种	三角叶西番莲	苹果西番莲	台农	澳洲黄金	大果西番莲
参考图片					

性状 43 集中收获时间

性状类型：QN。

观测时期：商品果实成熟期—果实完熟期（56 ～ 58）。

观测部位：小区。

观测方法：记录小区 50% 以上果实成熟（果实表面积的 70% 已经转色为成熟）的时间。对照标准品种，并按表 2-44 进行分级。如小区内性状表达不一致，应调查其一致性。

表 2-44 集中收获时间分级

表达状态	早	中	晚
代码	1	3	5
标准品种	台农	黄金	满天星

性状 44 果实：单果重

性状类型：QN。

观测时期：商品果实成熟期—果实完熟期（56 ～ 58）。

观测部位：种子。

观测方法：每株选取 2 个成熟可食的果实，取出种子，目测种子大小。对照标准品种，并参考表 2-45 进行分级。如小区内性状表达不一致，应调查其一致性。

表2-45 果实：单果重分级

表达状态	极小	极小到小	小	小到中	中	中到大	大	大到极大	极大
代码	1	2	3	4	5	6	7	8	9
标准品种	三角叶西番莲		小黄金		台农		满天星		大果西番莲
单果重（g）	≤ 2.0	(2.0,32.0]	(32.0,52.0]	(52.0,72.0]	(72.0,97.0]	(97.0,117.0]	(117.0,137.0]	(137.0,157.0]	>157.0

性状45 花：副花冠花丝数量

性状类型：QN。

观测时期：盛花期（45）。

观测部位：花。

观测方法：每个植株取 2 朵完全盛开的花，测量副花冠花丝数量，测量 20 朵花。观测整个小区，对照参考图片，并参照表 2-46 进行分级。如小区内性状表达不一致，应调查其一致性。

表2-46 花：副花冠花丝数量分级

表达状态	少	中	多
代码	1	2	3
参考图片			

性状46 仅适用于具紫色环纹品种：花：副花冠花丝上紫色环纹的宽度

性状类型：QN。

观测时期：盛花期（45）。

观测部位：花。

观测方法：每个植株取 2 朵完全盛开的花，目测副花冠花丝上紫色环纹的宽度，观测 20 朵花。观测整个小区，对照参考图片，并参照表 2-47 进行分级。如小区内性状表达不一致，应调查其一致性。

表 2-47 仅适用于具紫色环纹品种：花：副花冠花丝上紫色环纹的宽度分级

表达状态	极窄	窄	中	宽	极宽
代码	1	2	3	4	5
参考图片					

-

性状 47 仅适用于具紫色环纹品种：花：副花冠花丝上紫色环纹颜色的强度

性状类型：QN。

观测时期：盛花期（45）。

观测部位：花。

观测方法：每个植株取 2 朵完全盛开的花，目测副花冠花丝上紫色环纹颜色的强度，观测 20 朵花。观测整个小区，对照参考图片，并参照表 2-48 进行分级。如小区内性状表达不一致，应调查其一致性。

表 2-48 仅适用于具紫色环纹品种：花：副花冠花丝上紫色环纹颜色的强度分级

表达状态	浅	浅到中	中
代码	1	2	3
参考图片			
表达状态	4	5	
代码	中到深	深	
参考图片			

性状 48　首次收获时间

性状类型：QN。

观测时期：商品果实成熟期—果实完熟期（56～58）。

观测部位：小区。

观测方法：记录从苗木种植到该植株的第一批果实成熟（果实表面积的 70% 已经转色）的时间。对照标准品种，并按表 2-49 进行分级。如小区内性状表达不一致，应调查其一致性。

表 2-49　首次收获时间分级

表达状态	早	中	晚
代码	1	3	5
标准品种	台农	黄果西番莲	满天星

性状 49　果实：光泽度

性状类型：QN。

观测时期：商品果实成熟期—果实完熟期（56～58）。

观测部位：果实。

观测方法：每株选取 2 个成熟可食的果实，观测果实光泽度。对照参考图片，并按表 2-50 进行分级。如小区内性状表达不一致，应调查其一致性。

表 2-50　果实：光泽度分级

表达状态	弱	中	强
代码	1	3	5
参考图片			

性状 50　果实：香味

性状类型：QL。

观测时期：商品果实成熟期—果实完熟期（56～58）。

观测部位：果实。

观测方法：每株选取 2 个成熟可食的果实，沿横切面切开，闻果实香味。对照标准品种，并按表 2-51 进行分级。如小区内性状表达不一致，应调查其一致性。

表 2-51 果实：香味分级

表达状态	无	有
代码	1	9
标准品种	红花西番莲	台农

性状 51 果实：可溶性固形物含量

性状类型：QN。

观测时期：商品果实成熟期—果实完熟期（56 ～ 58）。

观测部位：果实。

观测方法：每株选取 2 个成熟可食的果实，参照 GB/T 12295—1990《水果、蔬菜制品 可溶性固形物含量的测定折射仪法》测果实可溶性固形物含量，测量 20 个果实。对照标准品种，并参考表 2-52 进行分级。如小区内性状表达不一致，应调查其一致性。

表 2-52 果实：可溶性固形物含量分级

表达状态	低	中	高
代码	1	2	3
标准品种	东方皇妃	台农	满天星 / 小黄金
可溶性固形物含量（%）	< 15.0	[15.0,17.0]	> 17.0

性状 52 果实：维生素 C 含量

性状类型：QN。

观测时期：商品果实成熟期—果实完熟期（56 ～ 58）。

观测部位：果实。

观测方法：每株选取 2 个成熟可食的果实，参照 GB/T 6195—1986《水果、蔬菜维生素 C 含量测定法 2,6- 二氯靛酚滴定法》测果实维生素 C 含量，测量 20 个果实。对照分级标准，参考表 2-53 进行分级。如小区内性状表达不一致，应调查其一致性。

表 2-53 果实：维生素 C 含量分级

表达状态	低	中	高
代码	1	2	3
维生素 C 含量（mg/g）	≤ 50	(50,100]	> 100

第三部分　西番莲品种 DUS 测试性状拍摄规范

一、前　言

为规范西番莲品种 DUS 测试中照片拍摄，保证照片质量，提高品种权申请实质审查的准确性和构建已知品种数据库的完整性，根据农业行业标准 NY/T 2517—2013《植物新品种特异性、一致性和稳定性测试指南　西番莲》和《DUS 测试照片拍摄技术规范编写指南》要求，制定本拍摄规范。

本规范规定了西番莲 DUS 测试性状拍摄的总体原则和具体技术要求，在实际拍摄中应结合西番莲 DUS 测试指南中对性状的具体描述和分级标准使用。

二、基本要求

西番品种 DUS 测试性状照片应客观、准确、清楚地反映西番莲待测品种的 DUS 测试性状以及已知品种的主要植物学特征特性，拍摄部位明确、构图合理、图像真实清晰、色彩自然、背景适当，照片中的拍摄主题不得使用任何图象处理软件进行修饰。

根据构建西番莲已知品种数据库的需要，在开展西番莲 DUS 测试期间，每个测试品种应拍摄并最终提供 5 张主要形态特性照片，即叶、藤、花、果实、种子。

三、拍摄器材

数码相机及镜头：数码单反相机（分辨率：2 144×1 424 以上），标准变焦镜头。

配件及辅助工具：存储卡、遮光罩、外接闪光灯、快门线、三脚架、翻拍架、拍摄台、柔光箱、柔光伞、测光板、背景支架、背景布、背景纸、刻度尺、大头针等。

四、照片格式与质量

照片构成与拍摄构图：应包括拍摄的性状部位、品种标签、刻度尺、背景等几部分。根据拍摄的代表性样本长度、宽度，应放置合适的刻度尺，拍摄背景应使用专业背景布或背景纸，背景颜色以中性灰或蓝色为主，拍摄主体的取样部位按照例图所示。拍摄构图时，一般采用横向构图方式，植株等性状以竖拍为宜。

照片平面布局：对于性状对比照片，除因生长周期不一致外，应尽可能将申请品种与近似品种并列拍摄于同一张照片内，一张照片可以同时反映多个测试性状。待测品种置于照片左侧、近似品种置于右侧，或待测品种置于照片上部、近似品种置于下部，将拍摄主体安排在画面的黄金分割线上，按照植株和器官的自然生长方向布置。对于数据库照片，拍摄主体只有一个品种，一张照片可以同时反映多个特征特性，进行组合拍摄，平面布局要协调、合理，拍摄主体分布于平面中部的 1/3。

品种标签：采用手写标签，进行电脑后期制作。标签内容为待测品种、近似品种测试编号或品种名称。标签放置于拍摄主体的下部或两侧，一张照片中标签的大小要求统一且与拍摄主体的比例协调，字体为宋体加粗。

光线：对于表达形状、姿态、大小、宽窄等性状，尽量选择在柔和的自然光下进行拍摄（室内外均可），对于表达颜色类性状应在室内固定光源（色温为 5 000 K）下拍摄。

照片名称及存储格式：西番莲 DUS 测试性状照片均按统一格式命名，采用 jpg 格式存储，提交测试报告使用的照片须洗印成 5 英寸（3R）彩色照片。

照片档案：每个申请品种需建立测试照片电子档案，照片应包括以下信息：照片名称、测试编号、品种名称、部位简称、图片类型、拍摄地点、拍摄时间等。

五、西番莲 DUS 测试性状的拍摄技术

（一）性状对比照片拍摄

性状 1　叶柄：花青苷显色

拍摄时期：幼苗生长期（21）。

拍摄地点与时间：摄影室，上午 10 点以前。

拍摄前准备：根据观测值选取试验小区内具代表性的幼苗，连育苗杯一起将其放在背景布（背景纸）上，保持自然生长状态，附上品种标签，进行对比拍摄（图 3-1）。

拍摄背景：中性灰背景。

拍摄技术要求如下。

图 3-1　幼苗对比照片

a. 分辨率：2 144 × 1 424 以上。

b. 光线：充足柔和的固定光。

c. 拍摄角度：水平拍摄。

d. 拍摄模式：光圈优先（A 模式）。

e. 白平衡：手动（5 000 k）。

f. 物距：30 ～ 50 cm。

g. 相机固定方式：三角架 / 手持。

性状 2/3/4　藤：颜色 / 藤：形状 / 卷须：着生位置

拍摄时期：枝蔓稳定生长期—初花期（38 ～ 42）。

拍摄地点与时间：摄影室，上午 10 点以前。

拍摄前准备：分别选取具有品种代表性的藤，截取 10 ～ 15 cm 的小段（保留叶片、卷须等，保持自然状态），将其平放在背景布（背景纸）上，下部保持同一水平，附上品种标签，进行对比拍摄（图 3-2）。

拍摄背景：灰色背景。

拍摄技术要求如下。

a. 分辨率：2 144 × 1 424 以上。

b. 光线：充足柔和的固定光。

c. 拍摄角度：垂直向下拍摄。

d. 拍摄模式：光圈优先（A 模式）。

图 3-2　藤对比照片

e. 白平衡：手动（5 000 k）。

f. 物距：30～50 cm。

g. 相机固定方式：翻拍架/手持。

性状 5/6/7/8/9/10/11/12/13/14/15/16　叶片：质地/叶片：叶裂类型/仅适用于叶片不分裂型品种：叶片：形状/叶片：叶缘/叶片：长度/*叶片：宽度/仅适用于裂叶型品种：叶片：中端圆裂片宽度/仅适用于裂叶型品种：叶片：裂刻深度/叶片：绿色强度/*叶片：泡状/叶片：泡状程度/叶柄：长度

拍摄时期：枝蔓稳定生长期—初花期（38～42）。

拍摄地点与时间：摄影室，上午 10 点以前。

拍摄前准备：根据观测值选取试验小区内当季生长旺盛的芽中间第 3 个芽上发育完全的，具代表性的叶片（取叶时为保持叶片最佳真实状态，提前准备装水的盆，将取好的叶片放入盆中，防止叶片缺水萎焉），将叶片平整的放在背景布（背景纸）上，叶基保持在同一水平线上（若反映叶片长度、宽度、叶柄长度等需附上刻度尺，同时叶基与刻度尺某一刻度位于同一水平），附上品种标签，进行对比拍摄（图 3-3）。

拍摄背景：灰色背景。

拍摄技术要求如下。

a. 分辨率：2 144×1 424 以上。

b. 光线：充足柔和的固定光。

c. 拍摄角度：垂直向下拍摄。

d. 拍摄模式：光圈优先（A 模式）。

图 3-3　叶片对比照片

e. 白平衡：手动（5 000 k）。

f. 物距：30 ～ 50 cm。

g. 相机固定方式：翻拍架 / 手持。

性状 17/18　* 叶柄：蜜腺位置 / 蜜腺：数量

拍摄时期：枝蔓稳定生长期—初花期（38 ～ 42）。

拍摄地点与时间：室内，上午 10 点以前。

拍摄前准备：根据观测值选取试验小区内具代表性的第 10 ～ 15 节的成熟叶 1 ～ 2 片（取叶时为保持叶片最佳真实状态，提前准备装水的盆，将取好的叶片放入盆中，防止叶片缺水卷曲），将叶片上部分剪去，突出叶柄，然后将叶柄平整的放在背景布（背景纸）上，附上品种标签，进行对比拍摄（图 3-4）。

拍摄背景：灰色背景。

拍摄技术要求如下。

a. 分辨率：2 144 × 1 424 以上。

b. 光线：充足柔和的固定光。

c. 拍摄角度：垂直向下拍摄。

d. 拍摄模式：光圈优先（A 模式）。

e. 白平衡：手动（5 000 k）。

f. 物距：30 ～ 50 cm。

g. 相机固定方式：翻拍架 / 手持。

图 3-4　叶柄对比照片

性状 19/20　花：苞片类型 / 花：苞片长度

拍摄时期：盛花期（45）。

拍摄地点与时间：摄影室，上午 9：00—11：00 或下午 3：00—4:00（视品种开花时间而定）。

拍摄前准备：根据观测值选取试验小区内具代表性的盛开的花，取其苞片，将其平整的放在背景布（背景纸）上，苞片基部保持在同一水平线上，附上刻度尺，同时苞片基部与刻度尺某一刻度位于同一水平，附上品种标签，进行对比拍摄（图 3-5）。

拍摄背景：灰色背景。

拍摄技术要求如下。

a. 分辨率：2 144×1 424 以上。

b. 光线：充足柔和的固定光。

c. 拍摄角度：正面垂直向下拍摄。

d. 拍摄模式：微距镜头，光圈优先（A 模式）。

e. 白平衡：手动（5 000 k）。

f. 物距：20 ～ 30 cm。

g. 相机固定方式：翻拍架 / 手持。

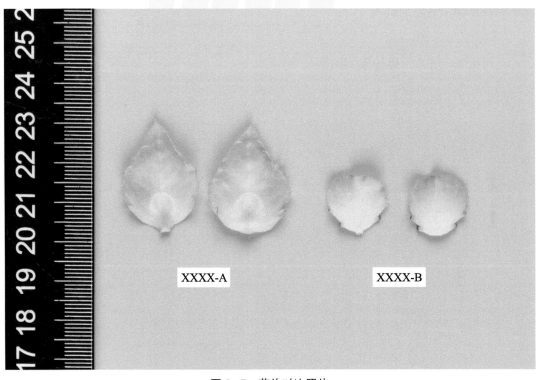

图 3-5　苞片对比照片

性状 21/22　花：萼片长度 / 花：萼片宽度

拍摄时期：盛花期（45）。

拍摄地点与时间：摄影室，上午 9：00—11:00 或下午 3:00—4:00（视品种开花时间而定）。

拍摄前准备：根据观测值选取试验小区内具代表性的盛开的花（取花时为保持花最佳真实状态，提前准备装水的盆，将取好的花放入盆中，防止花瓣、萼片等缺水卷曲），取其萼片，将其平整的放在背景布（背景纸）上，萼片基部保持在同一水平线上，附上刻度尺，同时萼片基部与刻度尺某一刻度位于同一水平，附上品种标签，进行对比拍摄（图 3-6）。

拍摄背景：灰色背景。

拍摄技术要求如下。

a. 分辨率：2 144 × 1 424 以上。

b. 光线：充足柔和的固定光。

c. 拍摄角度：正面垂直向下拍摄。

d. 拍摄模式：光圈优先（A 模式）。

e. 白平衡：手动（5 000 k）。

f. 物距：30 ～ 50 cm。

g. 相机固定方式：翻拍架 / 手持。

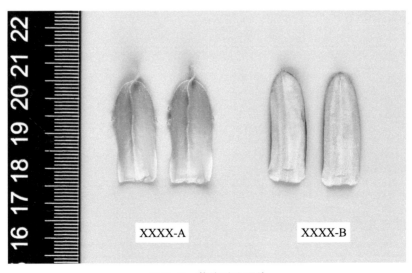

图 3-6　萼片对照片

性状 23/24　花：花瓣长度 / 花：花瓣宽度

拍摄时期：盛花期（33）。

拍摄地点与时间：摄影室，上午 8：00—12：00。

拍摄前准备：根据观测值选取试验小区内具代表性的盛开的花（取花时为保持花最佳真实状态，提前准备装水的盆，将取好的花放入盆中，防止花瓣、萼片等缺水卷曲），取其花瓣，将其平整的放在背景布（背景纸）上，花瓣基部保持在同一水平线上，附上刻度尺，同时花瓣基部与刻度尺某一刻度位于同一水平，附上品种标签，进行对比拍摄（图3-7）。

拍摄背景：灰色背景。

拍摄技术要求如下。

a. 分辨率：2 144 × 1 424 以上。

b. 光线：充足柔和的固定光。

c. 拍摄角度：正面垂直向下拍摄。

d. 拍摄模式：光圈优先（A 模式）。

e. 白平衡：手动（5 000 k）。

f. 物距：30 ～ 50 cm。

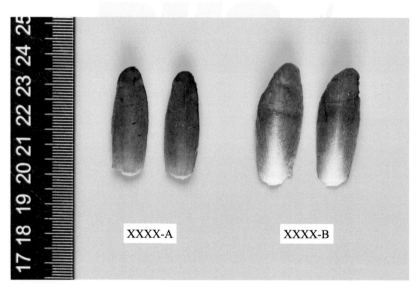

图 3-7　花瓣对比照片

g. 相机固定方式：翻拍架 / 手持。

性状 25/ 26/28/29/30/31/32　花：花瓣正面主色 / 花：花冠喉斑点状环纹的色彩强度 / 花：副花冠花丝上的紫色环纹 / 花：外副花冠花丝颜色数量 / 花：外副花冠花丝颜色（仅适用于外副花冠花丝颜色数量为 1 种的品种）/ 花：副花冠花丝长度 / 花：丝状副花冠直径 / 花：副花冠花丝末端斑点

拍摄时期：盛花期（33）。

拍摄地点与时间：摄影室，上午 8：00—12：00。

拍摄前准备：根据观测值选取试验小区内具代表性的盛开的花（取花时为保持花最佳真实状态，提前准备装水的盆，将取好的花放入盆中，防止花瓣、萼片等缺水卷曲），将其平整的放在背景布（背景纸）上，子房保持在同一水平线上，附上刻度尺，同时子房与刻度尺某一刻度位于同一水平，附上品种标签，进行对比拍摄（图 3-8）。

拍摄背景：灰色背景。

拍摄技术要求如下。

a. 分辨率：2 144×1 424 以上。

b. 光线：充足柔和的固定光。

c. 拍摄角度：正面垂直向下拍摄。

d. 拍摄模式：光圈优先（A 模式）。

e. 白平衡：手动（5 000 k）。

f. 物距：30～50 cm。

g. 相机固定方式：翻拍架 / 手持。

图 3-8　花对比照片

性状 33/34/35/36/37　* 果实：纵径 /* 果实：横径 /* 果实：纵径与横径比 /* 果实：果皮颜色 / 果实：皮孔

拍摄时期：商品果实成熟期—果实完熟期（56～58）。

拍摄地点与时间：摄影室，全天。

拍摄前准备：根据观测值选取试验小区内具代表性果实，将其整齐摆放在背景布（背景纸）上，果实底部位于同一水平，附上刻度尺，同时果实底部与刻度尺某一刻度位于同一水平，附上品种标签，进行对比拍摄（图 3-9）。

拍摄背景：灰色背景。

拍摄技术要求如下。

a. 分辨率：2 144 × 1 424 以上。

b. 光线：充足柔和的固定光。

c. 拍摄角度：正面垂直向下拍摄。

d. 拍摄模式：光圈优先（A 模式）。

e. 白平衡：手动（5 000 k）。

f. 物距：30 ~ 50 cm。

g. 相机固定方式：翻拍架 / 手持。

图 3-9　果实对比照片

性状 38 / 40　果实：果皮厚度 / 果实：果肉颜色

拍摄时期：商品果实成熟期—果实完熟期（56 ~ 58）。

拍摄地点与时间：摄影室，全天。

拍摄前准备：根据观测值选取试验小区内具代表性果实，将其横切，然后将横切面整齐摆放在背景布（背景纸）上，果实中心位于同一水平，附上刻度尺，同时果实中心与刻度尺某一刻度位于同一水平，附上品种标签，进行对比拍摄（图 3-10）。

拍摄背景：灰色背景。

拍摄技术要求如下。

a. 分辨率：2 144 × 1 424 以上。

b. 光线：充足柔和的固定光。

c. 拍摄角度：正面垂直向下拍摄。

d. 拍摄模式：光圈优先（A 模式）。

e. 白平衡：手动（5 000 k）。

f. 物距：30 ～ 50 cm。

g. 相机固定方式：翻拍架 / 手持。

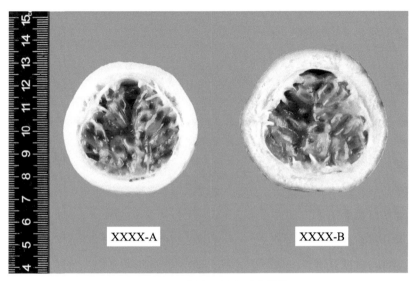

图 3-10　果皮 / 果肉对比照片

性状 39　果实：胎座颜色

拍摄时期：商品果实成熟期—果实完熟期（56 ～ 58）。

拍摄地点与时间：摄影室，全天。

拍摄前准备：根据观测值选取试验小区内具代表性果实，将其横切，掏出果肉及种子，露出胎座，将有胎座部分的果皮切成长约 3 cm，宽约 1 cm 大小的长方形，将其平放在背景布（背景纸）上，水平对齐，附上品种标签，进行对比拍摄（图 3-11）。

拍摄背景：灰色背景。

拍摄技术要求如下。

a. 分辨率：2 144 × 1 424 以上。

b. 光线：充足柔和的固定光。

c. 拍摄角度：水平拍摄。

d. 拍摄模式：微距镜头，光圈优先（A 模式）。

e. 白平衡：手动（5 000 k）。

f. 物距：30～50 cm。

g. 相机固定方式：三脚架 / 手持。

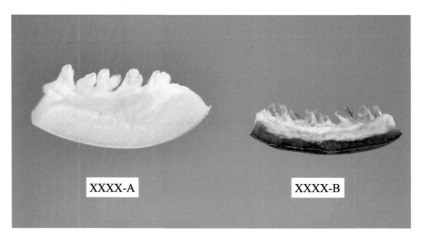

图 3-11　胎座对比照片

性状 41/42　果实：种子形状 / 果实：种子大小

拍摄时期：商品果实成熟期—果实完熟期（56～58）。

拍摄地点与时间：摄影室，全天。

拍摄前准备：根据观测值选取试验小区内具代表性种子 2 粒，将其平放在背景布（背景纸）上，水平对齐，附上刻度尺，附上品种标签，进行对比拍摄（图 3-12）。

拍摄背景：灰色背景。

拍摄技术要求如下。

a. 分辨率：2 144×1 424 以上。

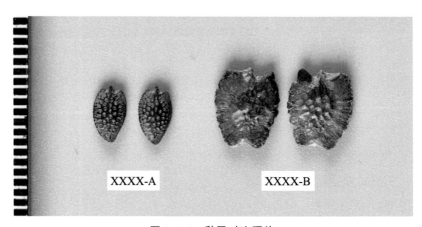

图 3-12　种子对比照片

b. 光线：充足柔和的固定光。

c. 拍摄角度：垂直拍摄。

d. 拍摄模式：微距镜头，光圈优先（A 模式）。

e. 白平衡：手动（5 000 k）。

f. 物距：30 ～ 50 cm。

g. 相机固定方式：翻拍架 / 手持。

（二）已知品种数据库照片拍摄

1. 叶 片

拍摄时期：枝蔓稳定生长期—初花期（38 ～ 42）。

拍摄地点与时间：摄影室，上午 10 点以前。

拍摄前准备：根据观测值选取试验小区内具代表性的叶片 2 片（取叶时为保持叶片最佳真实状态，提前准备装水的盆，将取好的叶片放入盆中，防止叶片缺水萎蔫），将叶片一张正面朝上，一张背面朝上平整的放在背景布（背景纸）上，左边附上刻度尺，同时叶基与刻度尺某一刻度位于同一水平，附上品种标签，进行拍摄（图 3-13）。

拍摄背景：灰色背景。

拍摄要求：能清晰反映品种叶片性状特点：如叶片质地、叶裂类型、叶片形状、叶缘、叶片长度、叶片宽度、中端圆裂片宽度、裂刻深度、绿色强度、泡状、泡状程度、叶柄长度等。

拍摄技术要求如下。

a. 分辨率：2 144 × 1 424 以上。

b. 光线：充足柔和的固定光。

c. 拍摄角度：垂直向下拍摄。

图 3-13 叶片数据库照片

d. 拍摄模式：光圈优先（A 模式）。

e. 白平衡：手动（5 000 k）。

f. 物距：50 ～ 80 cm。

g. 相机固定方式：翻拍架 / 手持。

2. 藤

拍摄时期：枝蔓稳定生长期—初花期（38 ～ 42）。

拍摄地点与时间：摄影室，上午 10 点以前。

拍摄前准备：选取具有品种代表性的藤，截取 10 ～ 15 cm 的小段（保留叶片、卷须等，保持自然状态），将其平放在背景布（背景纸）上，附上品种标签，进行拍摄（图 3-14）。

拍摄背景：灰色背景。

拍摄要求：能清晰反映品种藤颜色、藤形状及卷须着生位置。

拍摄技术要求如下。

a. 分辨率：2 144 × 1 424 以上。

b. 光线：充足柔和的固定光。

c. 拍摄角度：垂直向下拍摄。

d. 拍摄模式：光圈优先（A 模式）。

e. 白平衡：手动（5 000 k）。

f. 物距：50 ～ 80 cm。

g. 相机固定方式：翻拍架 / 手持。

图 3-14　藤数据库照片

3.花

拍摄时期：盛花期（33）。

拍摄地点与时间：摄影室，上午 8：00—12：00。

拍摄前准备：根据观测值选取试验小区内具代表性的盛开的花（取花时为保持花最佳真实状态，提前准备装水的盆，将取好的花放入盆中，防止花瓣、萼片等缺水卷曲），将其平整的放在背景布（背景纸）上，附上刻度尺，同时子房与刻度尺某一刻度位于同一水平，附上品种标签，进行拍摄（图 3-15）。

拍摄背景：灰色背景。

拍摄要求：能清楚反映花部性状，如花瓣正面主色、花冠喉斑点状环纹的色彩强度、副花冠花丝上的紫色环纹、外副花冠花丝颜色数量、外副花冠花丝颜色、副花冠花丝长度、丝状副花冠直径、副花冠花丝末端斑点等。

拍摄技术要求如下。

a.分辨率：2 144 × 1 424 以上。

b.光线：充足柔和的固定光。

c.拍摄角度：正面垂直向下拍摄。

d.拍摄模式：光圈优先（A 模式）。

e.白平衡：手动（5 000 k）。

f.物距：50 ～ 80 cm。

g.相机固定方式：翻拍架 / 手持。

图 3-15 花数据库照片

4. 果　实

拍摄时期：成熟期（40）。

拍摄地点与时间：室外遮阴处或摄影室。

拍摄前准备：根据观测值选取试验小区内具代表性生理成熟期果实 2 个，将其中 1 个果实横切，取其横切面，然后将完整果实及切好的横切面摆放在背景布（背景纸）上，附上品种标签，进行拍摄（图 3-16）。

拍摄要求：能反映品种果实部分性状特点：果实纵径、横径、果皮颜色、果实皮孔、果皮厚度、果肉颜色等。

拍摄背景：灰色背景。

拍摄技术要求如下。

a. 分辨率：2 144 × 1 424 以上。

b. 光线：充足柔和的自然光 / 固定光。

c. 拍摄角度：正面垂直向下拍摄。

d. 拍摄模式：光圈优先（A 模式）。

e. 白平衡：手动。

f. 物距：50 ～ 80 cm。

g. 相机固定方式：三脚架 / 手持。

图 3-16　果实数据库照片

5. 种　子

拍摄时期：商品果实成熟期—果实完熟期（56 ～ 58）。

拍摄地点与时间：摄影室，全天。

拍摄前准备：根据观测值选取试验小区内具代表性种子 3 粒，将其整齐摆放在背景布（背景纸）上，附上刻度尺，附上品种标签，进行拍摄（图 3–17）。

拍摄背景：灰色背景。

拍摄要求：能清晰反映种子性状及大小。

拍摄技术要求如下。

a. 分辨率：2 144 × 1 424 以上。

b. 光线：充足柔和的固定光。

c. 拍摄角度：正面垂直向下拍摄。

d. 拍摄模式：微距镜头，光圈优先（A 模式）。

e. 白平衡：手动（5 000 k）。

f. 物距：30 cm。

g. 相机固定方式：翻拍架 / 手持。

XXXX-A

图 3–17　果实数据库照片

（三）一致性不合格照片拍摄细则

对于一致性不合格照片的拍摄，可将典型表达状态与非典型表达状态并列拍摄于同一张照片中，具体拍摄参数参考特异性照片采集细则，效果图见实例 1（图 3–18）；当非典型表达状态为多个时，可参考品种描述照片采集细则，对典型表达状态、非典型表达状态进行逐一拍摄，效果图见实例2（图3-19）。

实例1

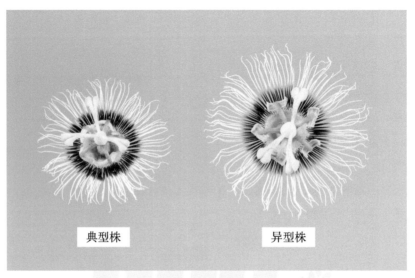

典型株　　　　　　　异型株

图3-18　一致性不合格照片——同一背景

实例2

典型株　　　　　　　异型株

图3-19　一致性不合格照片——自然背景

第四部分　西番莲品种 DUS 测试中附加性状的选择与应用

一、前　言

立足国家种业的发展，西番莲等特色水果的研究备受关注，近年来西番莲的育种水平不断提升，西番莲资源日益丰富。随着市场对西番莲功能性产品的开放利用，育种家加大了西番莲功能性品种培育的力度，如观赏型品种、药用型品种、饲用型品种等。其次，随着全球环境条件的改变，极端异常气候的增加，土壤环境的恶化，抗逆性品种的培育日益加强。鉴于此，西番莲品种 DUS 测试的性状将不局限于目前测试指南中列出的性状，可能涉及黄酮含量等功能成分、耐热等抗逆特性。

本规程前三部分内容对测试指南中列出的基本性状和选测性状（基于研制阶段的资源和育种水平）的操作细节进行了详细规范，本部分主要是对未列入指南中的（附加性状）的选择和应用的总体原则和相关要求给予规范和指导。

二、基本要求

当 DUS 测试指南中的性状无法满足对西番莲品种的描述，或无法充分体现某个或某类西番莲品种与其他已知品种的区别时，可考虑附加性状的选择和应用。

附加性状可以是形态性状（如叶斑、倍性、育性等），也可以是化学组分、组合性状等，随着研究水平的提高，也可以是分子性状等新型性状。

附加性状也需满足 TG/1/3 中对 DUS 测试性状的选择标准，达到以下 6 个基本条件。

（1）是特定的基因型或者基因型组合的结果

植物的性状表达是由遗传因素和环境因素共同作用的结果，而遗传因素（特定的基因型或基因型组合）对性状的表达具有决定性的作用。因此，该因素是附加性状应用时应考虑的首要条件。

（2）在特定环境条件下是充分一致的和可重复的

在环境条件绝对可控的条件下，由特定基因型或基因型组合所决定的性状表达通常是一致且可重复的。因此，附加性状应用时应考虑其在特定的应用条件下能达到该要求。

（3）在品种间表现出足够的差异，能够用于确定特异性

性状的表达在品种间应具备多态性，能够区分品种。应用附加性状的目的是有效地区分品种，能够充分体现新培育品种的特异性，所以，该要素是衡量标准的条件之一。

（4）能够准确描述和识别

性状是品种描述和定义的依据，无论采用何种描述手段，都需要对每个被描述品种给予清晰的界定，通过描述，能够给品种形成一个科学合理的定义，能够有效地识别和区分

品种。如果描述方式模糊，描述结果无法识别，定义和区分品种就无从谈起。

（5）能够满足一致性要求

品种内一致性的水平是由品种的繁殖特性和育种水平等因素决定的。在当前，某些性状在品种内表现很不一致，很难达到一致性的要求，但随着育种水平的提高，新类型品种的创新，某些性状的表达在品种内能够满足一致性要求，可作为该类型品种描述和 DUS 测试的附加性状。

（6）能够满足稳定性要求

该要素是指经过重复繁殖或者在每一个繁殖周期结束后，该性状的表达是一致的和可重复的。无论是哪种类型的附加性状，都必须考虑其表达结果的可再现性。

三、附加性状的选择与应用

（一）形态性状

随着科技的发展，西番莲育种目标的升级，附加性状的类型是多样的，对于形态性状，只要满足以上基本要求即可。

西番莲的形态结构见图 4-1～图 4-4。

图 4-1　西番莲植株

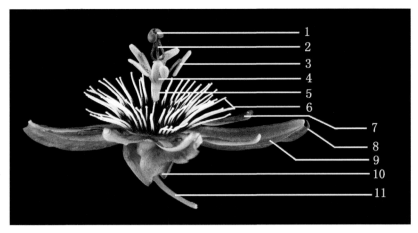

图 4-2　西番莲花结构示意图

注：1- 柱头；2- 花柱；3- 雄蕊；4- 子房；5- 雌雄蕊柄；6- 副花冠花丝；

7- 花瓣；8- 角状附属器；9- 花萼；10- 苞片；11- 花梗。

图 4-3　西番莲果实示意图（横切面）　　　图 4-4　叶片示意图

注：1- 外果皮；2- 中果皮；3- 胎座；4- 假种皮。　注：1- 藤；2- 蜜腺；3- 叶柄；4- 托叶；5- 卷须；6- 叶片。

部分性状因育种水平和资源所限，暂未列入目前的测试指南中，将来可能成为附加性状，具体实例如下。

幼苗　胚轴花青苷显色：（1）无，（9）有，其描述参考见表 4-1。

表 4-1　幼苗：胚轴花青苷显色　分级

表达状态	无	有
代码	1	9
参考图片	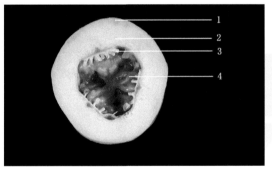	

叶片 毛:(1)无,(9)有,其描述参考见表4-2。

表4-2 叶片:毛 分级

表达状态	无	有
代码	1	9
参考图片	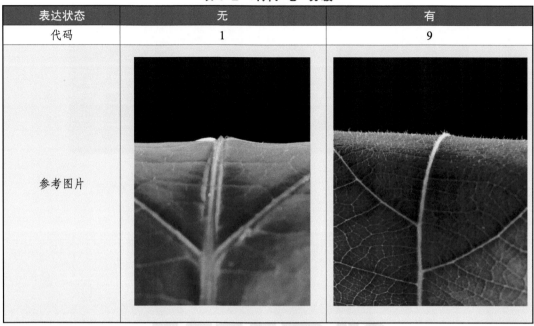	

叶片 边缘显色:(1)无,(9)有,其描述参考见表4-3。

表4-3 叶片:边缘显色 分级

表达状态	无	有
代码	1	9
参考图片		

叶片 下表面颜色：（1）绿色，（2）紫色，其描述参考见表4-4。

表4-4 叶片：下表面颜色 分级

表达状态	无	有
代码	1	9
参考图片		

叶片 上表面斑纹：（1）无，（9）有，其描述参考见表4-5。

表4-5 叶片：上表面斑纹 分级

表达状态	无	有
代码	1	9
参考图片		

<u>仅适用于叶缘有锯齿的品种</u>：叶片：锯齿：（1）小，（2）中，（3）大，其描述参考表4-6。

表4-6 叶片：锯齿 分级

表达状态	小	中	大
代码	1	2	3
参考图片			

蜜腺 类型:(1)线形,(2)匙形,(3)椭圆形,(4)近圆形,(5)圆形,其描述参考见表4-7。

表4-7 蜜腺:类型 分级

表达状态	线状	样状	碟形	圆柱形	圆线形
代码	1	2	3	4	5
参考图片					

托叶 形状:(1)棒形,(2)三角形,(3)椭圆形,(4)肾形,其描述参考见表4-8。

表4-8 托叶:形状 分级

表达状态	棒形	三角形	椭圆形	肾形
代码	1	2	3	4
参考图片				

顶端卷须 花青苷显色:(1)无或极弱,(2)弱,(3)中,(4)强,(5)极强,其描述参考见表4-9。

表4-9 顶端卷须:花青苷显色 分级

表达状态	无或极弱	弱	中	强	极强
代码	1	2	3	4	5
参考图片			暂无图片		

嫩茎　茸毛：（1）无，（9）有，其描述参考见表 4-10。

表 4-10　嫩茎：茸毛　分级

表达状态	无	有
代码	1	9
参考图片		

花　花丝：（1）直，（2）卷曲，其描述参考见表 4-11。

表 4-11　花：花丝　分级

表达状态	直	卷曲
代码	1	2
参考图片		

花　柱头相对于花丝高度：（1）低于，（2）等高，（3）高于，其描述参考见表 4-12。

表 4-12　花：柱头相对于花丝高度　分级

表达状态	低于	等高	高于
代码	1	2	3
参考图片			

花　花瓣：（1）无，（9）有，其描述参考见表 4-13。

表 4-13　花：花瓣　分级

表达状态	无	有
代码	1	9
参考图片		

萼片　斑纹：（1）无，（9）有，其描述参考见表 4-14。

表 4-14　萼片：斑纹　分级

表达状态	无	有
代码	1	9
参考图片		

萼片　角状附属器:(1)无,(9)有,其描述参考见表4-15。

表4-15　萼片:角状附属器　分级

表达状态	无	有
代码	1	9
参考图片		

萼片　角状附属器长度:(1)短,(2)中,(3)长,其描述参考见表4-16。

表4-16　萼片:角状附属器长度　分级

表达状态	短	中	长
代码	1	2	3
参考图片			

萼片　腺点:(1)无,(9)有,其描述参考见表4-17。

表4-17　萼片:腺点　分级

表达状态	无	有
代码	1	9
参考图片		

花　苞片:(1)无,(9)有,其描述参考见表4-18。

表4-18　花:苞片　分级

表达状态	无	有
代码	1	9
参考图片		

仅适用于有苞片品种:苞片:颜色:(1)浅黄色,(2)绿色,(3)红色,其描述参考见表4-19。

表4-19　苞片:颜色　分级

表达状态	浅黄色	绿色	红色
代码	1	2	3
参考图片			

苞片　腺点:(1)无,(9)有,其描述参考见表4-20。

表4-20　苞片:腺点　分级

表达状态	无	有
代码	1	9
参考图片		

苞片　边缘：(1)全缘，(2)锯齿，其描述参考见表 4-21。

表 4-21　苞片：边缘　分级

表达状态	全缘	锯齿
代码	1	2
参考图片		

果实　果沟：(1)无，(9)有，其描述参考见表 4-22，示意图见图 4-5。

表 4-22　果实：果沟　分级

表达状态	无	有
代码	1	9
参考图片		

果实　果颈：(1)无，(9)有，其描述参考见表 4-23，示意图见图 4-5。

表 4-23　果实：果颈　分级

表达状态	无	有
代码	1	9
参考图片		

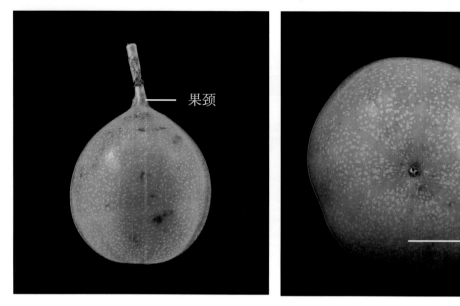

图 4-5　果颈、果沟示意图

果实　表面网状脉：（1）无，（9）有，其描述参考见表 4-24。

表 4-24　果实：表面网状脉　分级

表达状态	无	有
代码	1	9
参考图片		

果实　最宽处位置：（1）上部，（2）中部，（3）下部，其描述参考见表 4-25。

表 4-25　果实：最宽处位置　分级

表达状态	中上部	中部	中下部
代码	1	2	3
参考图片			

果实　萼片／苞片宿存性：（1）脱落，（2）宿存，其描述参考见表 4-26。

表 4-26　果实萼片／苞片宿存性　分级

表达状态	脱落	宿存
代码	1	2
参考图片		

（二）理化性状

果实　葡萄糖含量：（1）低，（2）中，（3）高，其描述参考见表 4-27。

表 4-27　果实：葡萄糖含量 分级

表达状态	低	中	高
代码	1	2	3
参考值 (mg/kg)	≤ 25 000.00	（2 5000.00，50 000.00]	> 50 000.00

果实　总酸（柠檬酸）含量：（1）低，（2）中，（3）高，其描述参考见表4-28。

表4-28　果实：总酸（柠檬酸）含量　分级

表达状态	极地	低	中	高	极高
代码	1	2	3	4	5
参考值 (mg/kg)	≤ 5 500.0	（5 500.0，10 000.0]	（10 000.0，15 000.0]	(15 000.0，20 000.0]	> 20 000.0

（三）细胞学形状

染色体　倍性，见表4-30。

表4-30　染色体：倍性　分级

描述	二倍体	四倍体	六倍体	八倍体
代码	2	4	6	8

附　件

附件例 1

 中华人民共和国农业农村部植物新品种保护办公室

XXXXXX（邮编） XX 省 XX 市 XXX 号（地址） XXXXXX（单位） XXXXXXXXXXX（联系电话） XXX（姓名）	发文日期 20XX 年 XX 月 XX 日

申请号：202XXXXXXXX	品种暂定名称：XX
植物种类：西番莲属	品种类型：XX
联系人：XXX	联系电话：XXXXXXXXXXX
申请人：XXXXXX 所 / 公司	

提供无性繁殖材料通知书

　　依据《中华人民共和国植物新品种保护条例》第三十条和《中华人民共和国植物新品种保护条例实施细则（农业部分）》第三十条的规定，申请人应当在本通知规定的繁殖材料接收时间内送交申请品种：XX，近似品种：XX 的繁殖材料用于田间测试。繁殖材料的数量与质量应符合农业农村部植物新品种保护办公室第号公告要求：

数量： XX 株。

质量： 扦插条半木质化、新稍成熟，长约 20cm；实生苗茎粗（离土面 10cm 处）达到 0.3cm 以上，株高达 15cm 以上；嫁接苗接穗抽生达 15cm 以上，中部茎粗达 0.5cm 以上，外观健康，无病虫侵害。

繁殖材料接收时间： 202X 年 XX 月

测试机构： 农业农村部植物新品种测试（儋州）分中心

邮寄地址： 海南省儋州市那大镇宝岛新村品资所

邮政编码： 571737

收件人： XXX

联系电话： XXXXXXXXXXX

　　申请人不能在本通知书规定的接收时间内送交繁殖材料的，可以延期至次年相应的接收时间内送交，仍未按规定送交的，根据相关规定，视为撤回申请。

　　采用邮寄方式的，包装内需附《提供无性繁殖材料通知书》复印件和品种名称标签。为避免混乱，繁殖材料为种苗的，每株苗应当挂上标签。

　　特此通知。

审查员 XXX	审查部门 农业农村部植物新品种保护办公室

附件例 2

<h1 style="text-align:center">测试单位繁材接收清单</h1>

测试地点：儋州　　　　　　　　　　　　　　分种日期：　XXXX-XX-XX

试验编号	测试编号	品种名称	繁材类型	测试备注
2020- 儋州 - 西番莲 -1	2020-XX01A	XXXX	种苗	扦插苗
2020- 儋州 - 西番莲 -1	2020-XX02A	XXXX	种苗	嫁接苗
......				

合计：XX 份

送 / 寄样人：　　　　　　　　　　　　　收样人：

送 / 寄样日期：　　　　　　　　　　　　收样日期：

附件例 3

植物品种委托测试协议书

甲方：

乙方：中国热带农业科学院热带作物品种资源研究所

　　　农业农村部植物新品种测试（儋州）分中心

　　甲方委托乙方对提供的 __XXX__ 品种（每一批次委托测试品种清单见双方盖章有效的附件）进行特异性、一致性和稳定性测试（以下简称 DUS 测试）。经协商，双方达成如下委托测试协议内容：

　　1. 甲方委托乙方对甲方提供的品种进行 1 个生长周期的 DUS 测试，乙方应在全部田间测试结束后 2 个月内向甲方提供测试报告一式 2 份（注：1 个周期的测试结果包括品种描述、一致性结果，在 2 个生长周期的 DUS 测试结束后提供 DUS 三性的最终结论）。

　　2. 按照 DUS 测试繁殖材料的数量和质量要求，甲方应及时提供合格的繁殖材料。

　　3. 甲方对品种繁殖材料的真实性负责。

　　4. 甲方应及时提供委托品种的技术问卷。乙方按照技术问卷内容，以及西番莲 DUS 测试指南组织 DUS 测试。

　　5. 在 DUS 测试中如遇因特殊情况导致试验中止或无效，乙方应及时通知甲方。

　　6. 甲方应于本协议书签字生效后 __XXX__ 个工作日内，一次性支付乙方委托费用，费用按每个样品 __XXX__ 元 /1 个周期计算，合计费用为 ＿＿＿＿＿＿＿＿ 元，样品数量及基本信息详见附件。

　　7. 因不可抗力（如地震、洪水、火灾、台风等）导致 DUS 测试结果异常或报废，甲方要求终止委托时，乙方不退还甲方剩余的 DUS 测试费用；甲方同意继续委托 DUS 测试时，乙方继续开展 DUS 测试，并向甲方收取继续开展 DUS 测试的费用。

　　8. 因其他原因导致 DUS 测试结果异常或报废，甲方要求终止委托时，乙方应退还剩余的 DUS 测试费用。甲方同意继续测试时，乙方应继续开展 DUS 测试，并不得重新收取 DUS 测试费用。

　　9. 乙方所出具的报告仅对甲方提供的样品负责。

　　10. 本委托书一式 4 份，双方签章生效，各保存 2 份，有效期 1 年。

　　11. 因光温因素导致品种的表达不充分造成结果无效责任由甲方承担，委托测试品种应适宜在测试机构所在的生态区域种植。

12. 其他未尽事宜以双方协议补充为准。

13. 委托测试费用支付：

开户行：中国农业银行股份有限公司海口城西支行

账号：21-601001040000557

户名：中国热带农业科学院热带作物品种资源研究所

附件：待测样品清单与近似样品清单

甲方：（盖章）

乙方：中国热带农业科学院热带作物品种资源
　　　研究所
　　　农业农村部植物新品种测试（儋州）
　　　分中心（盖章）

代表人：　　　　（签字）

代表人：　　　　（签字）

地址：

地址：海南省儋州市宝岛新村中国热带农业
　　　科学院品资所

邮编：

邮编：571737

联系人：

联系人：

手机：

电话：

　　　　年　　月　　日

　　　　年　　月　　日

附件

待测样品清单与近似样品清单

单位（盖章）：################

日期： 年 月 日

编号	品种名称	植物种类	繁材类型	保藏号	适种区域	定植期	选育单位	联系人	联系方式
2018001	XXX	西番莲	杂交种	无	海南等热区	春植	XXX	XXX	XXX

近 似 样 品 清 单

编号	品种名称	植物种类	繁材类型	保藏号	适种区域	定植期	选育单位	说明
J2018001	XXX	西番莲	杂交种	无	海南等热区	春植	——	作为待测样品xx的近似样品

注：

1. 繁材类型：西番莲：常规种/杂交种。
2. 播期：春/夏/秋/冬植等。
3. 保藏编号：若繁殖材料已提交到农业农村部植物品种标准样品库，则需提供保藏编号。

附件例 4

编号：DY-02

农业农村部植物新品种测试（儋州）分中心
植物品种委托测试样品委托单

委托单位（盖章）													
寄（送）样人	姓名			寄（送）时间									
联系人				联系电话									
												送样方式	□邮寄 □面送

序号	品种名称	作物种类	繁材类型	适种区域	适宜播期	样品数量（个）		样品量（株/条）	样品类型	生产年份	报告要求	测试方式	报告用途*	不符样品处理方式	备注
						待测样品	近似样品		□种苗 □接穗 / □砧木 □其他		□加急 □普通			□退回 □销毁	
1												□A □B			待测样品
2												□A □B			作为XXX样品的近似样品

寄（送）样须知：
1. 寄（送）样人应逐项认真填写本单，□选择项用"√"划定，无内容划"—"，未尽内容请在备注栏内注明，对上述内容确认后签字；委托单位须对其内容进行审核，并确认盖章，对其样品真实性负责。
2. 承接单位接收样品时，根据样品委托单核实样品，填写样品核实处理情况，签章有效。
3. 测试方式：A.田间测试，B.现场考察。测试报告用途：品种认定/登记/品种权申请预测/其他（请注明）。

寄（送）样人（签名）		接样人（签名）	签收日期		承接单位（签章）	
				年 月 日		年 月 日

样品核实处理情况：□符合，正常接收；□不符合，退回；□不符合，销毁；□其他（具体说明）；

（注：此表一式两份，委托单位、承接单位各存一份）

附件例 5

农业农村部植物新品种测试（儋州）分中心
_____年西番莲植物品种委托测试样品接收登记表

编号：DY-03

共　页　第　页

送样方式	□邮寄 □面送	来样单位		送样人		送样电话		接样方式	□A □B □C □D

序号	品种名称	样品量(株)	样品状况（包装）			繁材状态			样品编号	备注
			正常	破损	标签模糊	健康	带病/虫	折损/萎蔫		
								其他		

接样须知：
1. 接样人应逐项认真填写本单，□选择项用"√"划定；无内容划"—"或填写"不详"，未尽内容请在备注栏内注明；对上述内容确认后签字；主测人对其内容进行审核，确认后签字有效。
2. 接样方式分为4种：A. 邮局领取，B. 单位代签取，C. 快递签收，D. 面收

接样人（签名）	接样日期	主测人（签名）	日期
	年　月　日		年　月　日

（注：此表一式两份，测试人员、样品保管员各存一份）

附件例 6

农业农村部植物新品种测试（儋州）分中心
测试样品繁材接收通知单

尊敬的先生 / 女士：

您好！

　　本中心于　　　年　　月　　日收到贵单位提供的测试样品繁殖材料，数量□及质量□符合□ / 不符合□测试指南要求，予以正常□ / 不正常□接收。后续事宜按相关委托测试协议书处理。

　　特此通知。

委托单位信息	
委托单位	
联 系 人	
联系地址	
联系电话	
繁殖材料信息	
品种名称	
植物种类	
品种类型	□有性繁殖　 □无性繁殖
繁材类型	□种苗　 □砧木　 □接穗　 □其他
繁材数量	
繁材质量	

农业农村部植物新品种测试（儋州）分中心

年　　月　　日

附件例 7

农业农村部植物新品种测试（儋州）分中心
植物品种 DUS 测试样品流转单

共 页 第 页

序号	测试编号	保藏编号	作物种类	繁材类型	使用结果	是否有剩余样品	剩余样品量（株）	剩余样品存放位置	备注
					x 年 x 月 x 日定植，成活率为 xx	□是 □否		活体保存圃 xx 号区	
业务室（分发人）签字			测试室（接收人）签字		测试室（使用人）签字			测试室（接收人）签字	
转交日期					业务室（分发人）签字			确认日期	
注意事项	1. 样品交接过程中应逐项认真填写本单，无内容划"—"或填写"不详"，未尽内容请在备注栏内注明，对内容确认后签字； 2. 领用及使用人员需认真核实样品，并签字确认。								

附件例 8

农业农村部植物新品种测试（儋州）分中心
植物品种 DUS 测试样品入圃登记表

序号	品种名称	保藏编号	作物种类	繁材类型	入圃样品类型			样品量（株）	样品包装状况			保存位置	备注
					标准样	正样（剩余样品）	副样		正常	破损	标签模糊		

入圃须知	1. 样品保管员应逐项认真填写本单，□选择项用"√"划定；无内容划"—"或填写"不详"，未尽内容请在备注栏内注明；对上述内容确认后签字； 2. 样品包装状况分为 A. 正常，B. 破损，C. 标签模糊。

入圃样品总份数		入库人（签名）		校核人（签名）		入库日期		年 月 日

共 页 第 页

104

附件例 9

XX 年度西番莲 DUS 测试品种田间排列种植单

测试员：   编写日期：

序号	区号	品种名称	小区行数	测试周期	第 XX 次重复	品种类型	备注

附件例 10

XX 年度西番莲 DUS 测试品种田间种植平面图

测试员：   种植日期：

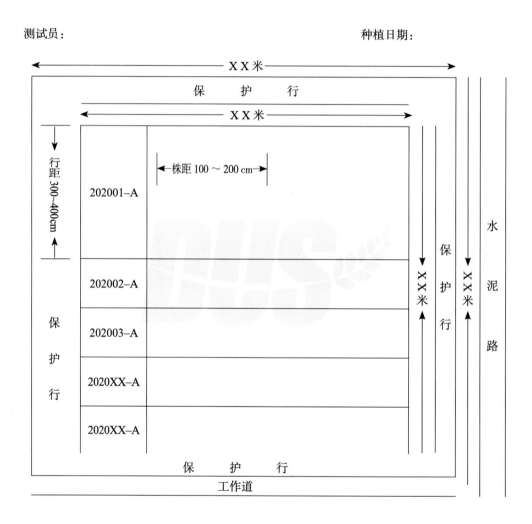

附件例 11

西番莲测试品种生育期记录表

日期　　生育期 品种编号	幼苗期	蔓期	花期	商品果 采收期	完熟期

附件例 12

XX 年度西番莲品种目测性状记录表

测试员：

性状 ＼ 品种编号	202001-A	202001-B	202002-A	202002-B	202002-C
1. 叶柄：花青苷显色（21）					
2. 藤：颜色（38～42）					
3. 藤：形状（38～42）					
4. 卷须：着生位置（38～42）					
5. 叶片：质地（38～42）					
6. 叶片：叶裂类型（38～42）					
……					
42. 果实：种子大小（56～58）					
43. 集中收获时间（56～58）					

附件例 13

XX 年度西番莲品种测量性状记录表

品种编号：　　　　　　　　　　　　　　　　　　　测试员：

观测时间：	1	2	3	4	5	6	7	…	…	…	19	20
9. 叶片：长度（38～42）												
10. 叶片：宽度（38～42）												
11. 叶片：中端圆裂片宽度（仅适用于裂叶型品种）（38～42）												
16 叶柄：长度（38～42）												
观测时间：												
20. 花：苞片长度（45）												
21. 花：萼片长度（45）												
22. 花：萼片宽度（45）												
23. 花：花瓣长度（45）												
24. 花：花瓣宽度（45）												
30. 花：副花冠花丝长度（45）												
31. 花：丝状副花冠直径（45）												
观测时间：												
33.* 果实：纵径（56～58）												
34.* 果实：横径（56～58）												
35.* 果实：纵径与横径比（56～58）												
44. 果实：单果重（56～58）												

附件例 14

XX 年度西番莲品种图像数据采集记录表

测试员：

采集日期 品种编号　　拍摄部位	叶片 （初花期）	藤 （初花期）	花 （盛花期）	果实 （商品果采收期/完熟期）	种子 （完熟期）

附件例 15

XX 年度西番莲品种收获物记录表

测试员：

收获部位 收获日期 品种编号	果实		种子 / 藤蔓	
	收获日期	收获人	收获日期	收获人

复核日期：

附件例 16

<h1 style="text-align:center">XX 年度西番莲品种栽培管理记录及汇总表</h1>

测试员：

试验信息								
试验地点：		地块面积：		试验地土质：			前茬作物：	
区组划分：		小区面积：		行距：			株距：	
种植方式：		定植株数：		标准品种种植设计：				
田间管理措施								
定植日期：								
浇水	日期	内容						
施肥	日期	内容						
打药	日期	内容						
其他	日期	内容						

附件例 17

植物品种特异性、一致性和稳定性测试报告

测试编号	xxxx		属或种	西番莲 *Passiflora* L.		
品种类型	xxxx		测试指南	《植物新品种特异性、一致性和稳定性测试指南 西番莲》NY/T 2517—2013		
委托单位	xxxx		测试单位	农业农村部植物新品种测试（xxxx）分中心		
测试地点	xxxx					
生长周期	第 1 生长周期					
	第 2 生长周期					
材料来源						
有差异性状	近似品种名称	有差异性状	申请品种描述		近似品种描述	备注
	xxxx					
特异性	具备特异性					
一致性	具备一致性					
稳定性	具备稳定性					
结论	□特异性　　□一致性　　□稳定性（√表示具备，×表示不具备）					
其他说明						
测试单位	测试员：　　　　　　　　日期： 测试员建议：				（盖章）：	
	审核人：　　　　　　　　日期： 审核人建议：				年　月　日	

性状描述表

测试编号：	xxxx		测试员：		xxxx
测试单位：	农业农村部植物新品种测试（xxxx）分中心				
性状			代码及描述		数据
1. 叶柄：花青苷显色					
2. 藤：颜色					
3. 藤：形状					
4. 卷须：着生位置					
5. 叶片：质地					
6. 叶片：叶裂类型					
7. 仅适用于叶片不分裂型品种：叶片：形状					
8. 叶片：叶缘					
9. 叶片：长度					
……					
……					
43. 集中收获时间					
44. 果实：单果重					

图像描述

图片描述：XXXX 叶片

114

附件例 18

一致性测试不合格结果表

测试编号：	XXXX			测试员：		XXXX	测试时间	
测试单位：	农业农村部植物新品种测试（XX）分中心							
性状	典型植株			异型株		调查植株数量（株）	异型株数量（株）	备注
	代码及描述	数据		代码及描述	数据			
								照片

附件例 19

性状描述对比表

测试编号：	XXXX	测试员：		XXXX	
近似品种编号	XXXX–A	近似品种名称		XXXX–B	
测试单位：		农业农村部植物新品种测试（儋州）分中心			
性状	XXXX–A		XXXX–B		差异
	代码及描述	数据	代码及描述	数据	
1.叶柄：花青苷显色					
2.藤：颜色					
3.藤：形状					
4.卷须：着生位置					
……					
……					
43.集中收获时间					
44.果实：单果重					